湛庐 CHEERS

与最聪明的人共同进化

HERE COMES EVERYBODY

U0338766

24堂
葡萄酒大师课
The 24-HOUR
WINE EXPERT

[英] 杰西斯·罗宾逊 (Jancis Robinson) 著

常 青 译

浙江教育出版社 · 杭州

THE 24-HOUR
WINE EXPERT

JANCIS ROBINSON

杰西斯·罗宾逊

THE 24-HOUR WINE

英国女王酒窖顾问

杰西斯·罗宾逊是世界著名酒评家，英国葡萄酒与烈酒教育基金会 WSET 前名誉主席，JancisRobinson.com 创建人及每日专栏主笔，《金融时报》葡萄酒专栏作家。

作为英国皇家葡萄酒委员会的成员之一，杰西斯专门负责为白金汉宫的宴会和酒窖挑选、采购和管理葡萄酒。2003年她被英国女王授予不列颠帝国勋章，并一直担任伊丽莎白二世的酒窖顾问。

葡萄酒王国的"第一夫人"
"MASTER OF WINE"

杰西斯 1950 年出生于英格兰，毕业于牛津大学。1975年，她成为《葡萄酒与烈酒》杂志的助理编辑，并由此开始了她的葡萄酒写作生涯。

1984 年，杰西斯通过了葡萄酒大师协会的严格审定，成为"葡萄酒大师"（Master of Wine）。她是葡萄酒贸易行业以外第一位获得此项专业认证的人，而且是在第一次考试时就以优异成绩通过的人。

EXPERT

作为世界著名酒评家，杰西斯的酒评在市场上起着风向标的作用，众多法国酒庄根据她的打分确定期酒的价格，消费者则根据她的评分判断葡萄酒的性价比。

世界上最著名的葡萄酒作家之一

由杰西斯担任主编，并用 5 年时间组织撰写的《牛津葡萄酒大辞典》（The Oxford Companion to Wine）被认为是世界上最权威的葡萄酒百科全书。此后，她和休·约翰逊（Hugh Johnson）合著的《世界葡萄酒地图》（The World Atlas of Wine），也成为全世界最重要的葡萄酒地图册之一。另外，她也是《酿酒葡萄品种》（Wine Grapes）的合著者，这本书介绍了 1368 个葡萄品种。这些书在世界范围内都已成为葡萄酒的标准参考书。

杰西斯是仅凭谈话就能令葡萄酒世界为之屏息的女人。
——《今日美国》

THE 24-HOUR WINE EXPERT
24 小时成为葡萄酒专家

杰西斯的最新作品《24 堂葡萄酒大师课》是一本实用的关于葡萄酒的基本指南。

许多喝葡萄酒的人希望了解更多的知识，但不想投入过多的时间和金钱去理解每个细枝末节，变成一位葡萄酒专才。于是在这本书中，杰西斯剥离了不必要的信息，注重那些真正重要的知识点，让你可以在 24 个小时的时间内成为一个自信的葡萄酒专家。

杰西斯还强调，吸收这本书中所有信息的最好办法，就是和朋友们一起，在一个周末或者找几个晚上，尽可能多地备上你们能搜罗来的各种风格的葡萄酒，一边对比，一边学习。对比的葡萄酒越多，学到的知识也越多。

我希望我分享的知识，能帮助你从每杯、每瓶酒中获得最大的收益！

——杰西斯·罗宾逊

作者演讲洽谈，请联系
speech@cheerspublishing.com

更多相关资讯，请关注

湛庐文化微信订阅号

湛庐 CHEERS 特别制作

24 小时成为葡萄酒专家

我写葡萄酒方面的文章已经 40 多年了，但每天仍能学到新东西。所以，当发现许多人对葡萄酒的话题望而生畏时，我并不惊讶。

我写这本书，就是希望与你分享我的知识，剥离不必要的信息，注重那些真正重要的知识点，让你在 24 个小时的时间内成为一个自信的葡萄酒专家。

吸收这本书中所有信息的最好办法，是和朋友们一起，在一个周末或者找几个晚上，尽可能多地备上你们能搜罗来的各种风格的葡萄酒，一边对比，一边学习。对比的葡萄酒越多，学到的知识也越多。

在这本书中，我提供了一些实用的品酒练习，你们这个品酒小组可以每个人准备 1~2 瓶书中推荐的酒。品酒时，要确保有一些食物在旁边，这样做不仅能让体验更愉悦，同时能学习葡萄酒如何与食物搭配，还能减缓酒精的作用。因为如果你喝高了，不记得之前品酒的具体细节，你还是不能成为一位葡萄酒专家……

一标准瓶的葡萄酒是 750 毫升，可以倒 6 杯慷慨大份的酒、8 杯像模像样的酒，或者 20 杯品酒样品标准的酒，因此你可以组一个人数可观的品酒小组。那些没喝完的酒，我在后面给了一些小技巧，教你如何储存剩酒。

若你不愿意组品酒局也没关系，当有关葡萄酒的问题出现时，这本书也可以教给你很好的解决方法。比如，哪一款葡萄酒杯能带给你最大的愉悦，如何从葡萄酒货架或者酒单里挑一瓶酒，如何解读酒标，如何尽快并轻松地学习葡萄酒的基本知识……我都给出了一些建议。

这本书，深受其他人优秀观点的启发。胡布雷赫特·德伊耶克（Hubrecht Duijker）是荷兰著名的葡萄酒作家，他的畅销书之一是一本 117 页的用荷兰语写成的《一个周末成为葡萄酒专家》（*Wine Expert in a Weekend*）。

当然了，你现在正在看的这本书中的所有文字和架构，都出自本人，而非上面这位荷兰葡萄酒作家。但我们俩显然都意识到一个事实：葡萄酒是当今世界上最流行的饮料之一，许多饮酒之人希望了解更多的知识，但不想投入过多的时间和金钱去理解每个细枝末节，变成一个葡萄酒专才。我希望我分享的知识，能帮助你从每杯、每瓶酒中获得最大的收益！

Contents **目 录**

1. 以下关于葡萄酒的酒精度说法错误的是（　　）

　　a. 在发酵过程中，糖分越来越少，酒精度则越来越高

　　b. 葡萄越成熟，就有越多的糖可用于发酵成为酒精，酿成的酒酒精度就会越高

　　c. 离赤道越远的产区生产出来的葡萄酒酒精度越高

2. 如果你今天吃烤肉，需要搭配葡萄酒，以下哪种是不合适的？（　　）

　　a. 巴罗萨谷的西拉

　　b. 卢瓦尔河谷的白诗南

　　c. 南非的皮诺塔吉

3. 关于软木塞的说法错误的是（　　）

　　a. 一些非常好的葡萄酒现在用软木塞

　　b. 如果空气太干，软木塞会变干皱缩，空气就会进来

　　c. 软木塞中性、持久，也许还能让微量空气进来，帮助酒陈年

4. 以下哪款酒是可以满足不同人口味的大众情人酒款？（　　）

　　a. PX 雪莉酒

　　b. 新西兰的黑皮诺

　　c. 自然酒

5. 以下所列葡萄酒的储存环境哪种更适宜？（　　）

　　a. 老式的商店货架

　　b. 厨房

　　c. 平时很少用的卧室壁橱

测一测你对葡萄酒了解多少

扫码下载"湛庐阅读"App，
搜索"24 堂葡萄酒大师课"，获取问题答案。

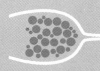

THE 24 - HOUR
WINE EXPERT

01

饮前必知

葡萄酒的由来

什么是葡萄酒

我的个人理解：葡萄酒是一种超级美味、令人兴奋、种类繁多、复杂到让人恼火的饮料。它让你精神振奋，让你和朋友们的关系更友好，和食物搭配时无比美味。

欧盟官方定义：葡萄酒是一种由新鲜采收的葡萄榨汁，并在其原产地区域根据当地的传统及惯例发酵而成的含酒精饮料。

如何酿造葡萄酒

发酵是关键。在酵母的作用下，糖将发酵成为酒精和二氧化碳。苹果汁可以转化成苹果酒，发芽处理过的谷物可以酿成啤酒，甚至吃剩下的果酱也能用来发酵。

在酵母的作用下，成熟葡萄中所含的糖分会逐渐转化成酒精和二氧化碳。在发酵过程中，糖分越来越少，酒精度则越来越高。至于酵母，可以是空气中的环境酵母、野生酵母，也可以是更可控的、经过专门培养和选择的商用酵母。

随着葡萄成熟，糖分逐渐增加，酸度逐渐降低。葡萄越成熟，就有越多的糖可用于发酵成为酒精，酿成的酒酒精度就会越高，除非发酵被提前终止，人为使一部分糖分留在酒中，使酒尝起来更甜。

气候越炎热，越容易生长出酸度低、糖分高的葡萄。发酵过程完成后，这类葡萄酿成的酒，酒精度会高于较冷地区葡萄酿的酒。所以，通常夏天越热，葡萄越成熟，酒会越强劲。这也是为什么离赤道越远的产区生产出来的葡萄酒酒精度越低。比如，位于意大利地图"靴子跟部"的普利亚葡萄酒（Puglia）比意大利偏北部的酒要强劲得多；而刚起步但发展迅速的英国葡萄酒产业则生产酸度非常高的酒款。

　　一旦把甜的葡萄汁发酵成我们称为"葡萄酒"的酒精液体，它在装瓶前便可能会陈酿（aged），特别是复杂的、值得陈酿的红葡萄酒。果味浓郁、芳香型的白葡萄酒通常在发酵后几个月就装瓶，以保存果香和香气。但更精益求精的葡萄酒，还会在装瓶前陈酿1~2年，将来自不同尺寸、不同年份橡木桶的酒液中的各种成分融合起来。橡木桶越新、越小，就会有越多的橡木味浸入到葡萄酒中。今时今日的葡萄酒流行风尚是尽可能减少明显的橡木桶味，所以更旧、更大的橡木容器，甚至不会给葡萄酒增加味道的水泥槽，变得越来越常见。易清洗的不锈钢罐则常用来酿制适合新鲜饮用的酒。

分类和命名

红、白和桃红

▎红葡萄酒

几乎所有的葡萄果肉，都是绿灰色的，所以葡萄果皮决定了葡萄酒的颜色。黄色或绿色果皮的葡萄，酿不出红葡萄酒。只有用深红色果皮的葡萄，破皮出汁[①]

[①] 红葡萄酒酿造过程中，葡萄破皮后，葡萄汁与果肉混成的葡萄浆叫作葡萄醪（must）。——译者注

发酵酿出的葡萄酒才是红色的。葡萄果皮越厚，果汁
与果皮接触的时间越长，红葡萄酒的颜色就越深。

▌桃红葡萄酒

大部分桃红葡萄酒的粉色是由葡萄果汁与深色果
皮只接触了十几个小时而来的。有时，把浅色与深色
果皮的葡萄混在一起酿也能得到桃红葡萄酒，甚至偶
尔，它由已发酵完成的白葡萄酒与红葡萄酒混在一起
而来。桃红葡萄酒逐渐变得越来越受人推崇，因为它
全年都可以享用，而不仅仅局限在夏天。

▌白葡萄酒

浅色皮的葡萄只能用来酿造白葡萄酒。如果仔细
操作，避免接触果皮，用深色葡萄也可以酿出白葡萄
酒。人们称这种酒为"黑中白"（Blanc de Noirs），即
用红葡萄品种在法国香槟产区酿的白色香槟。某些白
葡萄酒会故意延长与果皮接触的时间，用以酿造"橙
色酒"。

酒名中包含哪些信息

　　传统上，葡萄酒按其出产地称呼，即产区（appella-tion），如夏布利（Chablis）、勃艮第（Burgundy）、波尔多（Bordeaux）……但在 20 世纪中期，欧洲以外的新葡萄酒产区开始兴起，越来越多的葡萄酒不再按地理产区，而是按葡萄品种来标注名字。酒标上开始出现这样的名字：霞多丽（Chardonnay），即夏布利以及其他勃艮第白葡萄酒的主要葡萄品种；赤霞珠（Cabernet Sauvignon）和梅洛（Merlot），即波尔多红葡萄酒的主要葡萄品种。我常用勃艮第和波尔多来通指这一类的酒，而非指特定产区。

THE 24 - HOUR
WINE EXPERT

02

只选对，勿选贵

从零售商处选酒

如何从零售商那里选择葡萄酒

　　从零售商那里研究海量的葡萄酒信息，不管是在货架上还是在网上，都让人十分为难。后面的 Master Tip 中，我将给出 10 个选酒小诀窍，但如果不知道每个人的喜好，就不可能指导他们具体选哪瓶葡萄酒。所以在我所写的内容里，我的目的是给予葡萄酒爱好者足够多的恰当信息，让他们能做出正确的选择。

如果有人问我如何选葡萄酒，我总会建议他与一个本地的独立葡萄酒零售商搞好关系。葡萄酒商店与书店其实有很多共同之处。只有你告诉书店工作人员你喜欢的和不喜欢的书，他们才可以给出有针对性的建议。所以，对于买葡萄酒，这也是明智的做法，即告诉一位葡萄酒专业人士你喜欢的种类，让他们推荐有些类似但更具探索性、性价比更高，或者酿造得更好的酒。

超市可能有很强的采购能力，但只限于最便宜的酒，在今天它们也很少根据质量选酒。所以，不如去找那些小型供货商，他们懂酒，也更在意他们卖出的每瓶酒。

如果你还想更进一步地了解，请参见表 2-1，我给出了一些更具有探索性的冒险建议：如果你喜欢 X，你也会喜欢 Y。

但如果你想自己做选择，或者住的地方离实体店比较远，那你大可以去找书籍材料和网上的有用信息。

想要得到关于选酒的更多信息，请参见下文的"如何从一家餐厅的酒单上选酒"。

表 2-1　　　　　　　　　　大胆选酒

首选	聪明的另类选择 （更便宜或更有趣的酒）
普洛赛克（Prosecco）	汝拉克雷芒（Crémant du Jura）^① 利慕克雷芒（Crémant de Limoux）
香槟（Champagne）	英国起泡酒（English Sparkling Wine）
大型品牌香槟（Big-name Champagne） （酒标上有 NM^②字样）	小农香槟（Grower's Champagne） （酒标上有 RM^③字样）
灰皮诺（Pinot Grigio）	绿威林（奥地利） （Austrian Grüner Veltliner）
新西兰长相思（New Zealand Sauvignon Blanc）	智利长相思 （Chilean Sauvignon Blanc）

① 克雷芒指除香槟产区外，法国其他产区用传统法酿制的起泡葡萄酒。——译者注

② NM（Négociant Manipulant），即"香槟酒商"。大多数大型香槟品牌都属于 NM，包括凯歌香槟（Veuve Clicquot）、酩悦香槟（Moët Chandon）、玛姆香槟（Mumm）等。——译者注

③ RM（Récoltant Manipulant），即"独立香槟生产商"，指自己种植葡萄、自己酿造的香槟生产商。——译者注

续前表

首选	聪明的另类选择 （更便宜或更有趣的酒）
普里尼 - 蒙哈榭 （Puligny-Montrachet）	夏布利一级园 （Chablis Premier Cru）
马贡白（Mâcon Blanc）①， 普伊 - 富塞（Pouilly-Fuissé）	汝拉白（Jura white）②
勃艮第白葡萄酒（White burgundy）	西班牙加利西亚自治区 （Galician）的格德约（Godello）③
默尔索（Meursault）	菲诺（Fino）或曼沙尼亚雪莉 （Manzanilla Sherry）
薄若莱（Beaujolais）	智利南部的莫莱谷（Maule）及伊塔 塔谷（Itata）的新浪潮红葡萄酒
阿根廷马尔贝克（Argentine Malbec）	罗讷河谷红葡萄酒 （Côtes-du-Rhône red）
里奥哈（Rioja）	西班牙歌海娜（Garnacha），卡拉 塔尤德（Calatayud），博尔哈产区 （Campo de Borja）

① 马贡白葡萄酒用霞多丽葡萄酿制而成，马贡产区（Maconnais）位于勃艮第的最南端，在里昂（Lyon）和伯恩（Beaune）之间。——译者注

② 汝拉产区位于法国东部，靠近瑞士。——译者注

③ 格德约是西班牙加利西亚产区的一个著名白葡萄品种，常被拿来和霞多丽作比较。——译者注

续前表

首选	聪明的另类选择 （更便宜或更有趣的酒）
教皇新堡（Châteauneuf-du-Pape）①	来自朗格多克 - 鲁西永（Languedoc-Roussillon）② 的单一酒庄的葡萄酒
物有所值的波尔多红葡萄酒	杜罗河红葡萄酒（Douro red）

---

① 教皇新堡产区位于阿维尼翁（Avignon）北部几公里处，是罗讷河谷产区（Rhone Valley）南部最著名且最重要的葡萄酒产区之一。——译者注

② 朗格多克 - 鲁西永是法国东南部的一个大区，南邻西班牙与地中海。——译者注

第 4 堂课
从餐厅选酒

如何从餐厅的酒单上选酒

一般来说，餐馆或酒吧中酒款的选择，要比零售
商那里少，价格也会更高，通常是成本的 1~3 倍，所
以挑错酒的代价会更大。以前，餐馆或酒吧的收入大
部分来源于卖酒水，原因是人们清楚一块牛排值多少
钱，却不太清楚一瓶特定的葡萄酒值多少钱。但随着
智能手机的出现，情况开始变得不一样了，一些网站

会列出葡萄酒的全球零售价格，还有一些 APP 可以扫描餐厅酒单，识别出加价最少的酒……这些都让餐厅瞒过顾客靠酒挣钱变得越来越难。

如果你想在酒单上控制自己的选择自由，我强烈推荐合理利用眼下的多种信息来源。许多餐厅会把它们的酒单放在网站上，你可以提前研究一下，看看著名酒评人是如何给你喜欢的酒打分的，如我的网站 JancisRobinson.com，以及众人是如何点评它的，如社群网站 CellarTracker.com。

如果去餐厅之前没有时间做这些研究，你可以带上智能手机，迅速查找你感兴趣的酒。更多信息请看"葡萄酒与食物的搭配"。

但如果你还是不能做决定，或者没有充分了解情况，不如去做一件最简单的事：问问侍酒人员（wine waiter）或侍酒师（sommelier）的建议。与大家通常认为的情况相反，这恰恰不是"弱爆了"的表现。事实上，我甚至大胆地认为，征求他们的建议是一种自信和专业的表现。但大部分没有葡萄酒知识的人在餐厅时容易胆小，以至于不敢和侍酒人员对话。

任何一位好的侍酒人员都喜欢讨论葡萄酒。只有在很久以前，不懂也不怎么在意葡萄酒的人，才会躲在傲慢的面具后面。但今天的侍酒师，如果他是一名真正的葡萄酒爱好者，会非常乐意为顾客提供不同价位的推荐服务。你在点好菜之后，可以问一个这种类型的问题："我想花大约 X，我们一般比较喜欢 Y"，或者 "我想点一瓶红葡萄酒，一瓶白葡萄酒，你会推荐什么"。你的提问会让侍酒人员非常开心。

不要羞于点酒单上的便宜酒，只有享受铺排挥霍的富豪和石油大亨，才会点酒单上最贵的酒。

Master Tip

10 种诀窍：挑选一瓶正确的葡萄酒

1. 尽量避免挑选那些储存在强光线位置，比如靠近店铺窗户或热源的葡萄酒。光线和热源会使葡萄酒失去果香和清新度。

2. 找那些装瓶地址与葡萄产地尽可能接近的葡萄酒。如果生产商不是同一个的话，所有葡萄酒的酒标都需标明装瓶的地址，最起码要有邮编。注意类似这样的情况：一瓶新西兰的葡萄酒，却在英国装瓶。确实有越来越多的葡萄酒在全世界范围内运输，从生态产业角度来说，这对于那些不太贵的葡萄酒是可取的，但真正严肃的葡萄酒生产商仍会坚持自己装瓶。比如，去找那些酒标上有"酒庄灌装"（Mis en bouteille au domaine/château）字样的法国酒。

3. 如果一瓶酒用的是软木塞，选择那些平放储存的酒，这样会保证软木塞的湿度，将氧气挡在外面。

4. 检查瓶颈处的液面。最好不要买那些葡萄酒直立放置时液面以上的空间多于 2~3 厘米的葡萄酒，因为这可能传递出一种讯号：太多有害的氧气已与葡萄酒接触。

5. 对于精品葡萄酒，记住每个产区的好年份极其困难。我的"5 分法则"或许是个捷径：自 1985 年起，所有可以被 5 整除的年份都不错。

6. 注意酒瓶背面标签的信息，如果它精细地描述酒的风味，推荐与什么食物搭配等，则可能暗示了过多的营销色彩。我个人比较倾向看到的信息是描述这瓶酒是如何酿成的。

7. 带上你的智能手机，以便查看酒的评级、评论家的观点以及其他葡萄酒爱好者的点评。

8. 去找那些独立的葡萄酒零售商寻找建议。如果他们的建议不合适，再尝试去找另一家，直到找到满意的为止。

9. 对于便宜的白葡萄酒，尤其是桃红葡萄酒，要挑选最新的年份。

10. 如果一瓶酒是特价酒，要问一下原因。有时，酒便宜是因为状况不好或者太老。

THE 24 - HOUR
WINE EXPERT

03

从酒瓶与酒标上看懂一瓶酒

第 5 堂课
酒瓶

酒瓶的形状

经典的波尔多酒瓶形状常用于赤霞珠或梅洛葡萄品种（不管它们生长在哪里）的红葡萄酒，以及波尔多的白葡萄酒。

经典的勃艮第和罗讷河酒瓶形状很常见，主要用于

经典的
波尔多酒瓶

经典的
勃艮第酒瓶

黑皮诺、西拉、歌海娜葡萄品种的红葡萄酒和霞多丽的白葡萄酒，以及其他范围广泛的葡萄酒。

起泡酒的酒瓶必须用更厚实的玻璃以撑住内部的压力，一般来讲它看起来比较像大型的勃艮第瓶。而最昂贵的香槟的酒瓶则有它们自己的特别形状。

酒瓶的尺寸

标准酒瓶可以装 750 毫升的葡萄酒，这就是为什么按杯卖的葡萄酒，是按 750 毫升的比例卖的。半瓶是 375 毫升，但比较难找到。

这是因为生产商：

● 希望卖出尽可能多的酒。
● 担心会有太多的氧气进入酒瓶中，尤其对长期的瓶中陈酿来说更是如此。
● 装半瓶和装整瓶的灌装、封口、标签成本差不多。

根据葡萄酒交易理论，对瓶中陈酿来说，最理想的尺寸是 1500 毫升，因为这个容量的葡萄酒与氧气的比例在理论上是最理想的。但是，如果 1500 毫升的葡萄酒遇上烂的软木塞，简直就是灾难。

如果再有更大尺寸酒瓶的高级酒，酒就更像是用来炫耀的东西了。

第 6 堂课
酒标

酒标的信息

我始终相信，相比于其他产品，一瓶葡萄酒的酒标能带领你更直接地接近一个生产商。如同退休广告人约翰·邓克利（John Dunkley）创建托斯卡纳（Tuscany）的蕊思乐酒庄（Riecine）时所说："葡萄酒生产是可以由一个人负责从土壤、标签到销售所有过程的一件事。"

酒标（上）

①生产商　②产区　③葡萄品种

酒标（下）

①老的（非法律规范的说法）②葡萄园　③葡萄在葡萄园中生长的具体区块　④产区　⑤生产商⑥装瓶商和装瓶地点（大部分酒需要说明）⑦酒精浓度

欧洲的葡萄酒酒标，就像上面傅里叶酒庄（Fourrier）的热夫雷 - 香贝丹（Gevrey-Chambertin），一般比较注重产区名而非葡萄品种名。至于葡萄酒的风味，顾客只能看酒瓶的背面标签，或者生产商默认顾客已经具备相应的知识。

而杜鲁安酒庄（Domaine Drouhin）的正面酒标告诉你葡萄生长在哪里，葡萄品种是什么，其他详细和必需的信息都在背面酒标上。这是欧洲以外地区酒庄的常见做法。

葡萄酒的酒精度

所有的葡萄酒酒标，都必须说明酒精百分比，虽然美国葡萄酒酒标常用最小的字来说明这条有用的信息。我要特别提醒你留意这一点，因为酒精度对你酒后会不会宿醉有着很重要的影响。15% 酒精含量的葡萄酒与 13% 酒精含量的相比，不只是强了七分之一而

已。但酒标上标出的酒精含量与实际酒精含量有 0.5%
的差异，这倒是很常见的。生产商以前喜欢夸大酒精
含量，因为那时流行比较"猛"的葡萄酒。而现在，
则趋向于将酒精度标得低一些。具体见表 3-1，"各类
葡萄酒的平均酒精强度"。

表 3-1　　　　　各类葡萄酒的平均酒精强度

5%～7%	莫斯卡托（Moscato）、阿斯蒂（Asti）
7%～9%	有甜度的摩泽尔酒（Mosel）
9%～12%	故意早采摘的德国干型葡萄酒
12%～13%	香槟及其他起泡酒，静止酒的比例逐渐增多
13%～15%	大部分在售的静止酒
15%～20%	加强酒，如雪莉、波特（Port）及马德拉（Madeira），强一些的麝香甜葡萄酒（Muscats）等

正如前面内容所提及的，一个产区的气候越热，生
产的葡萄酒就会越强劲。有的酿酒师，特别是在德国一
些相对较冷的产区的酿酒师，会将一些还没有发酵的葡
萄中的糖分留在酒中，而不是让它们全部发酵，所以他
们带有残留糖分的葡萄酒可能只有 7%～9% 的酒精度。

不过，大部分市场上在售的静止酒，即非起泡酒，酒精度都在 13% ~ 14.5% 之间。当然，在气候暖和的产区，比如罗讷河谷南部的教皇新堡，当地的葡萄歌海娜需要足够成熟，才能使酒的风味更极致，所以这种葡萄酒的酒精度很容易就能达到 15.5% ~ 16%。

在世界上大部分地区，现在流行的是尽量降低酒精含量而不损失其风味和特点，所以我们看到越来越多的葡萄酒的酒精含量在 11% ~ 13% 之间。高酸度是高质量起泡酒的特征之一，所以制作香槟和其他起泡酒的葡萄，会比静止酒的葡萄采摘得稍微早一些，最后酿成的酒的酒精度常在 12% 左右。而清新、微带气泡的莫斯卡托，常介于葡萄果汁与葡萄酒之间，酒精含量在 5% ~ 7% 之间。

一般来说，离赤道越远的产区，葡萄酒的酒精度越低。但在欧洲比较冷的产区，在发酵葡萄果汁时允许加糖，以额外提升 1% ~ 2% 的酒精度，这个过程叫作"加糖"（chaptalization）。这一酿酒方法的发明人是让 - 安托万·沙普塔尔 ①，曾任拿破仑时期的内政大臣，19 世纪早期的这个发明有效地解决了甜菜根过剩问题。

与之相反的做法是"酸化"（acidification）。酸化广泛应用于气候较暖的产区。较冷产区如果要经历炎夏，也渐渐允许使用，过程是在发酵中的葡萄汁中加入额外的酸，通常是在葡萄中天然含有的酒石酸。在同一个发酵罐中，禁止同时使用"加糖"和"酸化"。

① 让 - 安托万·沙普塔尔（Jean-Antoine Chaptal），法国著名学者、化学家、政治家。——译者注

THE 24 - HOUR
WINE EXPERT

04

简单 4 步，精妙品评

品酒步骤

下面展示的是一位专业人士的品酒过程。在日常生活中，这些做起来其实非常容易，不必感觉矫情。

第一步：看

倾斜酒杯，将其离你稍远一些，最好能以白色或浅色为背景。看酒杯中间部位的颜色，以及酒液边缘的颜色。对于正在成熟的红葡萄酒来说，这两者的颜色通常会有明显的差别。

酒杯中间部位的颜色越深，表明葡萄果皮越厚，即葡萄是一个厚皮的品种或者所在的产区有一个炎热、干燥的夏天。浅橙色的边缘提示这是一款成熟的红葡萄酒，而越年轻的红葡萄酒通常边缘越呈蓝紫色。

红葡萄酒和白葡萄酒都会随着陈酿时间的延长而颜色趋于黄褐色：白葡萄酒颜色会变深，红葡萄酒颜色会变浅。在橡木桶中陈酿，或是与橡木块、橡木板接触，都会加深白葡萄酒的颜色。葡萄品种不同，颜色也不同。

品酒练习

Every Class
in a Glass

恐怕这次品酒不会便宜。试着去找同一种红葡萄酒的两个不同年份，最好相差两年以上，看看比较老的那瓶酒颜色是否看起来没那么多的紫色调。波尔多会是不错的选择。

第二步：闻

这是品酒中最重要的一步。我们会把闻到的所有味道都当作香气，因为我们最敏感的品酒武器在鼻子末端。即便你从未自觉地用鼻子去闻葡萄酒，也可能会闻出一些味道，因为香气会从口腔后部，挥发升腾至鼻子末端。味道越复杂，葡萄酒的品质越好。

尽量给味道关联上一些词，这样可以帮助你记住它们。在"常用品酒术语"中，我列出了一些与特定葡萄品种相关的品酒词，但并没有规定说，对于哪种味道你必须用哪个词来形容。事实上，新手常常比老手有更多的形容词和有趣的味道描述词，因为他们没有带着先入为主的预设而来。把词语与有着如此细微差别的、与个人敏感度及喜好有关的主观感觉体验关联在一起，是一件很难的事情。

品酒练习

Every Class
in a Glass

在你的鼻子上夹上潜水夹或衣服夹，试着品酒。注意体会，如果你不能自由地"闻"品酒有多困难。你甚至可以让一位朋友给你蒙上双眼，鼻子上也夹上夹子，看看你能否分辨出切碎的苹果和胡萝卜，甚至是洋葱末。我敢打赌你分辨不出来。这也是你鼻子堵了，食物吃起来会索然无味的原因所在。

第三步：尝一口

嘴里的味蕾会给你关于葡萄酒如下维度的感觉：

酸：柠檬和醋，味道都相当尖酸，或者说酸度都很高。它会在舌头两侧留下刺痛感，虽然我们的反应不尽相同。具体的品酒词见表 4-1。

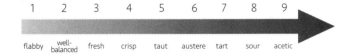

| 1 | 2 | 3 | 4 | 5 | 6 | 7 | 8 | 9 |
| flabby | well-balanced | fresh | crisp | taut | austere | tart | sour | acetic |

表 4-1　从低到高排列的关于葡萄酒酸度的品酒词

flabby	松弛的、呆滞的。无趣的低酸度
well-balanced	均衡的酸度
fresh	清新的酸度，有明显的清新水果的感觉
crisp	清爽的、爽口的。迷人但不过分的酸味
taut	酸得有些紧绷的
austere	收紧般的高酸度
tart	尖酸的。有点酸得过头了
sour	发酸的。葡萄酒产生了一些不好的、不受欢迎的酸
acetic	醋酸般的。这种酸主导了葡萄酒的味道，有快变成醋的危险了

　　甜：葡萄酒中的含糖量，可以从"难以感觉到"的 1 克 / 升，到"近乎干型"的 10 克 / 升，再到"非常甜腻的"超过 100 克 / 升。具体的品酒词见表 4-2。

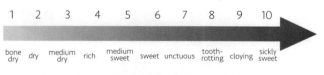

表 4-2　从低到高排列的关于甜度的品酒词

bone dry	极干的
dry	干型的。相对于甜型而言，不甜的

续前表

medium dry	中等干型的
rich	丰润的。形容一瓶酒口感强烈，但不是很甜
medium sweet	中等甜度的
sweet	甜的
unctuous	甜腻的。葡萄酒的甜度高以致黏性大或口感充盈
tooth-rotting	腐牙的、甜倒牙的
cloying	过甜的，以至于产生了黏附在口腔中的不愉悦感
sickly sweet	病态的超高甜度

　　单宁：单宁是一种天然保护剂，主要从葡萄果皮中提取而来，在年轻的红葡萄酒中比较常见，冷茶中也有，会让你的双颊内侧有发干、收紧的感觉。具体的品酒词见表 4-3。

| 1 | 2 | 3 | 4 | 5 | 6 | 7 |

| soft | round | firm | astringent | tannic | tough | hard |

表 4-3　　从低到高排列的关于单宁的品酒词

soft	柔和的
round	圆润的
firm	坚实的

续前表

astringent	收敛的
tannic	单宁过多的
tough	硬朗的
hard	干硬的

酒精：酒精会在口腔后部留下一种发热的感觉。具体的品酒词见表4-4。

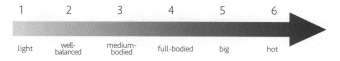

表 4-4   从低到高排列的关于酒精的品酒词

light	轻的
well-balanced	均衡的
medium-bodied	中度酒体的
full-bodied	酒体丰满的
big	大的。指成熟度高、酒精度高、果味浓郁的葡萄酒
hot	灼热的

一瓶好的成熟葡萄酒，以上这些元素会和谐地融合在一起，没有哪个元素特别突出。

品酒练习
Every Class
in a Glass

尝尝柠檬汁和不加奶的冷茶，去体验酸度与单宁的感觉。注意它们如何在你的口腔内部起作用。

第四步：回味

"收尾"或"余味长度"是衡量一瓶葡萄酒质量的重要指标。一瓶好的葡萄酒在咽下后，味道会令人回味无穷。

那些只注重工业量产的葡萄酒生产商，花了很多精力让酒闻起来很诱人，但其实味道很单调。这类酒的味道消失得很快，于是你会想要再喝一口，最后却发现并没有更多的惊喜。而一口卓越的酒，味道持续的时间要长得多，这就是它值得你多花些钱的理由。

品酒练习

Every Class
in a Glass

比较第一步品酒练习中的成熟波尔多红葡萄酒，与一瓶你能找到的最便宜的波尔多红葡萄酒，体味它们的收尾。前者的味道会在你咽下或吐酒后持续得更久。

品酒术语

常用品酒术语

下面是专业人士的品酒术语，常用来描述葡萄酒的维度与结构。

对特定味道的描述，没有绝对的规则。其实我们每个人看事情，除了不同的偏好之外，几乎都基于不同的角度。但出于习惯，不同的味道形容词已经与特定的葡萄品种或葡萄酒关联在一起了。

比如，西拉（Syrah）的"黑胡椒味"，一些长相思的"青草味"，琼瑶浆（Gewürztraminer）的"辛香味"，这可能是专业人士的速记说法，其实我们真正说的是"这闻起来像西拉 / 长相思 / 琼瑶浆"。

我会给出一些常见葡萄品种的常用味道描述词，参见"常见的葡萄品种"。但就像我之前提到的，和老手相比，新手能找到更好的形容葡萄酒味道的词。那些"疲了"的老手们已经用尽了他们多年来的葡萄酒词汇，在使用它们时也会变得非常草率。

你应该自由自在地去建立关联。注意体会哪些葡萄酒让你想起哪种特别的味道，尽可能精确地去分辨它与其他香气的区别，建立一个属于你自己的专用词库，这比再利用第三方的葡萄酒用语要有用得多。

▌醋酸的（Acetic）[①]

这种酸如此酸，以至于酸度主导了葡萄酒的味道，说明它有快变成醋的危险了。

▌余味（Aftertaste）

余味指的是你咽下酒后所感觉到的，或者在专业品酒时吐酒后所感觉到的味道。可以将其与"收尾"（Finish）这个词作对比，收尾指的是余味可以持续多久。

▌香气（Aroma）

香气指的是你品酒时所闻到的味道。香气和味道实际上很难分清，因为你的鼻子只能感受到汽化的香气。

---

① 一个用来表述不愉快酸味的品酒术语。——译者注

芳香的（Aromatic）

尤其突出、令人愉悦的香气。

涩口的、涩味的（Astringent）

稍有一些单宁带来的干涩感，让你的口腔内部有缩拢感，但不太刺激。主要用于白葡萄酒。

烘烤过的（Baked）

闻起来像葡萄在藤上受热了的感觉。

平衡感（Balance）

这也许是一瓶葡萄酒最重要的一个元素。一瓶非常均衡的葡萄酒，是指在各个维度，如酸度、甜度、单宁和酒精等方面都是和谐的。

酒体（Body）

酒体大致等同于酒精强度。强劲的酒，酒体饱满，而相对弱的酒，则酒体偏轻，甚至只能用轻淡来形容。

贵腐菌（Botrytis）

专业术语，用来指"贵族霉"真菌，它们集中长在成熟的葡萄上，并由此酿成卓越的甜葡萄酒，酒闻起来介于蜂蜜和甘蓝之间。

酒香（Bouquet）

有时用来指一瓶成熟的葡萄酒复杂的香气混合。

酒香酵母味（Brett）

Brett 是 Brettanomyces 的缩写，这是一种酵母菌，可使红葡萄产生类似于马匹或带汗味的马鞍的味道，或者过头的丁香味。

充盈的（Broad）

酒能很好地充满口腔。

耐嚼的（Chewy）

比"涩口的"多一些单宁。

纯净的（Clean）

没有可察觉的葡萄酒缺陷。

封闭的（Closed）

味道不难闻，但口感上有足够的浓度和单宁，似乎可发展出更多的香气。

复杂的（Complex）

呈现出几种不同的、有机整合在一起的味道。通常，瓶中陈酿才能带出复杂度。

软木塞味的（Corked/Corky）

闻起来有种令人丧失食欲的发霉的感觉，通常与被 TCA（三氯苯甲醚的缩写，一种化学化合物）污染了的软木塞有关。

清爽的（Crisp）

诱人但不过分的酸度。

▌干瘪的（Dried out）

失去了年轻的果香，到了令人失去食欲的程度。

▌萃取（Extract）

葡萄酒的密度。与白开水正好相反，一瓶高萃取的葡萄酒有高浓度的糖、酸、矿物质和蛋白质。与"酒体"一词不同，许多摩泽尔雷司令（Riesling）的酒精度不高，但萃取度高。

▌收尾（Finish）

指余味能持续多久。一瓶葡萄酒如果能在口腔中萦回，即收尾长；如果没有或几乎没有余味，即收尾很短。

▌坚实的（Firm）

有明显的但不令人痛苦的单宁。

▌松弛的（Flabby）

令人不舒服的低酸度。

▌无力的（Flat）

香气不多或清新度不够。

▌风味（Flavour）

见上文"香气"词条。

▌早衰的（Forward）

按其年份来说，出现了出乎意料的过早成熟迹象。

▌清新的（Fresh）

与"清爽的"很像，但酸度稍低，并且有更明显
的年轻果味。

▌果香的（Fruity）

充满各种水果气息，但不一定是葡萄的气息。

▌饱满酒体的（Full-Bodied）

见上文"酒体"词条。

▌葡萄味的（Grapey）

少部分葡萄酒款确实闻起来像葡萄汁，很有可能是用麝香葡萄酿造的。

▌青草味的（Grassy）

闻起来像清新的青草味，长相思比较容易带有这种香气。

▌青涩的（Green）

闻起来不成熟。

▌硬的、不协调的（Hard）

水果气息很弱。

▌草本植物味的（Herbaceous）

闻起来有绿叶的气息，没有达到完全成熟的赤霞珠、长相思和赛美蓉（Sémillon）容易带有这种香气。

空洞的（Hollow）

中段口感没有足够的水果气息。具体见"口感、味觉"词条。

热的、辣的（Hot）

余味较温热甚至有灼烧感，通常是因为酒精过多。

墨水般的（Inky）

对葡萄酒比较个人化的描述，没有太多果香，但有略微过多的单宁和酸度。

挂杯 / 酒腿（Legs）

Tears（详细见下文）的另一种说法，以及形容挂杯看起来像大长腿的一种说法。

余味长度（Length）

见上文"收尾"词条。

▎轻快的（Lifted）

适当而不过分的"挥发性"（具体见下文）。

▎轻酒体（Light）

不一定是贬义。见上文"酒体"词条。

▎持久的（Long）

见上文"收尾"词条。

▎氧化、马德拉化（Maderized）

可用来描述一款出现氧化风味的老酒。

▎熟化的（Mature）

酒因在瓶中陈年而变得复杂，但还没有成为"干瘪的"（具体见上文）。

▎硫醇（Mercaptan）

坏鸡蛋的恶臭味，醒酒可能会有一些帮助。

中段口感（Mid Palate）

见下文"口感、味觉"词条。

矿物感的（Mineral）

经常使用并富有争议的涵盖性术语，用于描述非水果、植物或动物类的香气，这种香气更接近于石头、金属或化学类的味道。

像老鼠的（Mousey）

提示是坏酒。

口感（Mouthfeel）

原本是美国术语，用来形容葡萄酒的质感，但现在常用来指不太强劲的单宁。

贵腐（Noble rot）

见上文"贵腐菌"词条。

鼻子 / 香气（Nose）

品酒时最重要的器官，但品酒师也常用这个词来形容一瓶酒的味道或者"闻起来"的香气。

橡木味的（Oaky）

在陈酿过程中，酒与橡木桶、橡木片或橡木条接触，叫作"经橡木影响的"（oaked）。酒在喝时有过强的橡木味，叫作"橡木味的"（oaky）。

过老的（Old）

一瓶酒过了成熟期，人们就会用这个词来贬损它。

氧化味的（Oxidized）

酒过多地暴露在氧气（笼统来说是空气）中，失去了果香和清新度，渐渐变成醋。所以剩酒需要及时处理，以尽可能减少瓶中的氧气。

▌口感、味觉（Palate）

常被拼写错误的品酒用词。它可以是一个人品酒器官的涵盖性术语，比如"她拥有很好的味觉"（She has a seriously good palate），或者特指在口腔中体会到的综合感受（与"nose"相对应）。刚喝酒时，口腔会有前感，然后是中感，最后是后感。你也可以用这个词来指对一瓶酒的印象是"很对味的"（on the palate）。

▌带有胡椒味的（Peppery）

黑胡椒常与不太成熟的西拉关联，白胡椒偶尔与绿威林关联，青胡椒与没有成熟的赤霞珠关联。

▌微起泡的（Petillant）

轻度起泡。

▌奔放的（Racy）

我常用的一个词，用来形容有好的酸度，相当有劲，口感上有冲击感。

▎残糖（Residual sugar）

用来指留在酒中的未发酵的糖分，常用克／升来表示。小于 2 克／升的残糖是非常细微的，感觉不到的；高于 10 克／升的则通常相当明显，虽然酒的酸度越高残糖越不明显。

▎丰润的（Rich）

综合形容一瓶酒口感强烈，但并不一定很甜。

▎圆润的（Round）

没有特别明显的单宁感，也不会过度柔和。

▎短促的（Short）

见上文"收尾"词条。

▎辛香的（Spicy）

这个词常被用来错误地形容琼瑶浆的明显的荔枝味，因为琼瑶浆的德语是 Gewürztraminer，而其中

Gewürz 的意思是"加了香料的"。有一些酒，确实闻起来有各种各样的香料味，但这个词是一个和"矿物感的"一样的涵盖性术语。

▎微微带泡的（Spritzig）

非常少量的起泡。有些酒庄故意在酒中留一些发酵过程中的二氧化碳。白葡萄酒中有一些非常小的气泡并非瑕疵，但在饱满酒体的红葡萄酒中，这可能在提示酒已经开始重新发酵了，这不是什么好事。

▎清冽的（Steely）

通常指白葡萄酒有可以感觉得到的，但不咄咄逼人的单宁和酸度。

▎硫化物（Sulphur）

硫化物是人们长久以来生产酒、果汁、干果时最常用的抗氧化剂。在酿酒过程中，也会自然产生少量的硫化物。它对大多数人无害，但患有哮喘的人可能会对此有反应，所以大部分酒会标上"含有硫化物"的警示。高浓度的硫化物会让喉咙后部产生瘙痒。葡萄酒生产商现在已经开始尽可能少用硫化物了，虽然许多甜酒还是要比大多数酒更需要它，以中止残糖发酵。

柔顺的（Supple）

正面的品酒术语，用来指一瓶酒的酸度和单宁水平和谐并平易近人。

甜的（Sweet）

显而易见，就是字面意思。

单宁过多的（Tannic）

用来形容酒中单宁过多的贬义词。

尖酸的（Tart）

有点酸得过头了。

挂杯 / 酒泪（Tears）

挂在酒杯内壁上的液体细流，高酒精度的酒有更明显的挂杯或酒泪。与流行看法相反，这与黏性、甘油无关，而是因为葡萄酒是由各种不同表面张力的不同成分组成的。挂杯并不是特别重要。

单薄的（Thin）

缺少果香和酒体。

香草味的（Vanilla）

常与美国橡木桶的香味相关联。

植物的（Vegetal）

葡萄酒中有可能出现各种各样的植物香气，但这个词经常与"青涩的"互换使用。

醋味的（Vinegar）

你绝对不希望在酒中尝出醋味。暴露在空气和太高的温度中，葡萄酒会渐渐变得不稳定，然后氧化，变得有醋味。

黏的（Viscous）

黏稠感，通常在酒精度高的酒或甜酒中比较常见。

挥发性的（Volatile）

所有的酒都是不稳定的，因为它们会挥发。但这个品酒术语是贬义的，指酒中含有过多的乙酸（醋的主要成分）。

酒体重量（Weight）

就像指人体的体重一样，它是酒体的衡量用语。

木头味的（Woody）

质量差或存储不当的木质容器的味道，通常指橡木。

Master Tip

超级味觉者

我们的舌头上，分布着不同密度的味蕾。

20 世纪 90 年代，耶鲁大学的琳达·巴托舒克（Linda Bartoshuk）教授发明了 PROP（6-n-propylthiouracil，丙基硫脲嘧啶，一种甲状腺的治疗药物）测试方法，测试涉及一种成分，这种成分有可能尝起来"特别苦"、"有些苦"和"一点也不苦"。

这个测试根据我们舌头上有多少味蕾，把人们分为"超级味觉者"（supertasters）、"正常味觉者"（normal tasters）和"味觉迟钝者"（non-tasters）。人群中占两端的各有 1/4，中间的有 1/2。

后来有人把上面这些叫法修改了一下，变得不那么有判断意味，改成了"高味觉者"（hypertasters）、"正常味觉者"、"低味觉者"（hypotasters）。

　　超级味觉者们的味蕾密度很高，对强烈的味道和质感更敏感。味觉迟钝者的味蕾密度低，需要更多的刺激才能感觉到什么。白人女性中的超级味觉者明显比男性高，是男性的两倍多。

THE 24 - HOUR
WINE EXPERT

05

葡萄酒配餐

葡萄酒与食物的搭配

　　如何找到与食物搭配最佳的葡萄酒，实在有点困难。即便不考虑能否与食物搭配，选择葡萄酒本身就已经够复杂的了。并且不管是出去吃，还是在家吃，桌上都会有一堆不同的菜，这无疑更增加了选酒的难度。

　　比葡萄酒的颜色更重要的是酒在嘴中的分量，以及它对口感产生的影响。如果你在吃偏细致的食物，如布拉塔奶酪（Burrata）、新鲜的马苏里拉（Mozzarella）、山羊奶酪、鸡蛋卷、水煮白鱼肉或鸡肉等，就该喝点细致的、酒体比较轻的酒，如维蒙蒂诺（Vermentino）、夏布利、长相思，以及桃红葡萄酒或者黑皮诺（Pinot Noir）、神索（Cinsault）、薄若莱等红葡萄酒。

相反，如果你吃的是五花肉、汉堡、鞑靼牛排或者鹿肉野味，则可能需要一瓶有些许肉感的、强劲的、能给你冲击感的葡萄酒，比如浓郁的歌海娜、西拉、慕合怀特（Mourvèdre）等。

给特定的葡萄酒搭配食物

当你为一瓶特定的葡萄酒来搭配食物时，可以参考以下几个诀窍：

如果你想喝一瓶年轻的、高单宁的、有些耐嚼感的红葡萄酒，就搭配一些有耐嚼感的食物，如烤的红肉或牛排，这样会让酒喝起来少一些单宁感。

芳香型白葡萄酒，如雷司令和琼瑶浆，以及一些果香味足的葡萄酒，可以和辛辣味的菜搭配，尤其是那些有泰式风味的食物。

如果你想就着甜食喝葡萄酒，则需要保证酒比食物更甜，否则葡萄酒喝起来会非常酸和单薄。你可以选择那些甜得掉牙的酒，比如 PX 雪莉酒（Pedro Ximenez）、丰满的苏玳贵腐酒（Sauternes）、澳大利亚的路斯格兰麝香酒（Rutherglen Muscat），以及成熟的宝石红波特酒（Ruby Port）。

小心洋蓟。它会在你的口感上耍花招，让葡萄酒喝起来有金属感，所以要避免将昂贵的葡萄酒和洋蓟搭配在一起。

给特定的食物搭配葡萄酒

不管我自己多么怀疑"完美搭配"这件事，我知道人们还是希望能够得到食物与葡萄酒搭配的捷径。

所以，这里列出了一些我已经百般验证过的搭配建议。一般来说，白葡萄酒比红葡萄酒更容易搭配食物。

▎前菜

芦笋：比较难，但可以试试干型的德国白葡萄酒或阿尔萨斯（Alsace）白葡萄酒。

柠汁腌鱼生（ceviche）：浓烈的长相思。

熟肉冷切盘（charcuterie）：村庄级别的优质薄若莱、经典基安蒂（Chianti Classico）、质量好的瓦坡里切拉（Valpolicella）、干型蓝布鲁斯科（Lambrusco），可以说是任何带轻盈口感的红葡萄酒。

鸡肝酱（chicken liver parfait）：带点甜的白葡萄酒，如阿尔萨斯白葡萄酒、灰皮诺、孔得里约（Condrieu）、武弗雷（Vouvray）等。

清炖肉汤（consommé）：传统的配酒是干型雪莉或马德拉。

螃蟹：来自勃艮第、波尔多或罗讷河谷的酒体丰满的白葡萄酒。

朝鲜蓟（globe artichokes）：比芦笋还难配，因为它们会让酒喝起来有金属感，所以没有特别推荐的酒。

生蚝：香槟、夏布利、慕斯卡德（Muscadet）。

沙拉：各种白葡萄酒应该都可以，特别是有些酸度的。

贝类（见上面的螃蟹）：罗讷河谷和法国南部的白葡萄酒，以及厚重型的霞多丽。

烟熏三文鱼：雷司令、琼瑶浆、灰皮诺。

汤：一般不需要配酒，如果需要，可以试试那些与汤中成分建议搭配的葡萄酒。

寿司和生鱼片：日本清酒不错，香槟也是个很好的选择。

法式肉冻（terrines）：轻酒体的红葡萄酒，比如果香浓郁的品丽珠（Cabernet Franc）和梅洛，希侬（Chinon）和布尔格伊（Bourgeuil），还有黑皮诺。

主菜

蒜泥蛋黄酱（aïoli）：普罗旺斯的干型桃红葡萄酒配起来相当不错。

烤肉：带点烟熏感的红葡萄酒，比如酒体丰富的巴罗萨谷（Barossa）的西拉、南非的皮诺塔吉（Pinotage）。

汉堡：简单的、带果香的红葡萄酒，年轻的梅洛或许是不错的选择。

鸡肉：可搭配的葡萄酒种类比较多样，但是只有极健壮的鸡肉才搭配得了重酒体的红葡萄酒。除此之外，轻酒体的红葡萄酒或者重酒体的白葡萄酒搭配得更好。

炖牛肉、各种各样的焙盘炖菜（casserole）：南罗讷河谷的红葡萄酒和达到成熟状态的里奥哈红葡萄酒。

与鸡蛋有关的菜，如意式波菜烘蛋（frittata）、煎蛋卷和法式乳蛋饼（quiche）：液态的蛋黄会充盈整个口腔，掩盖住细微的葡萄酒风味。但如果这些菜中的鸡蛋是熟的，则搭配轻酒体的红葡萄酒，如年轻的梅洛和黑皮诺，还是可以的。

红色鱼肉，如三文鱼或金枪鱼：新世界的黑皮诺会是非常好的搭配。

白色鱼肉：烤过的或是水煮过的白鱼肉，是少见的能与轻酒体的德国雷司令搭配的食物，因为它们足够纯，足够简单。但用了很多调料的鱼肉料理，则需要搭配重酒体、半干型的白葡萄酒，如卢瓦尔河谷（Loire）的白诗南（Chenin Blanc）。

野味（game）：勃艮第红葡萄酒和高质量的阿尔

萨斯白葡萄酒与之是经典的搭配。

意大利面：意大利生产的一些开胃的红葡萄酒，如基安蒂（Chianti）、瓦坡里切拉，以及其他用意大利葡萄酿的酒。

比萨：任何颜色的葡萄酒都与西红柿很搭，我建议挑不太复杂的。

意式炖饭（risotto）：取决于除了米之外还包含哪些食材，但酒体丰满的干型白葡萄酒应该适合各类意式炖饭。

牛排、猪排、羊排：这些肉的耐嚼感会冲淡年轻并有陈年潜力的红葡萄酒中的单宁，比如年轻的波尔多红葡萄酒，有冲劲的年轻的意大利红葡萄酒，以及伊比利亚的红葡萄酒，如杜罗河和杜埃罗河岸产区（Ribera del Duero）的红葡萄酒。

松露：来自皮埃蒙特（Piemont）的用多赛托

（Dolcetto）、巴贝拉（Barbera）或内比奥罗（Nebbiolo）
等葡萄酿成的葡萄酒。

小牛肉：精品托斯卡纳红葡萄酒。

奶酪

蓝奶酪：甜的、重酒体的白葡萄酒，苏玳是经典
且成功率较高的选择。

硬奶酪，比如车达（cheddar）：它可以是一瓶高
级的成熟波尔多红葡萄酒的理想陪衬，也可以搭配一
些高质量的赤霞珠，或成熟的年份波特酒。

洗浸奶酪（washed-rind cheeses），比如布里（brie）：
浓烈的、带果香的白葡萄酒，如瑞朗松（Jurançon）、
武弗雷，以及甜型的白诗南。

甜点

巧克力：会淹没大部分葡萄酒的味道，但很甜且

强烈的酒，比如波特酒、PX 雪莉酒、马德拉马姆齐
（malmsey madeira）以及甜雪莉酒，可以与之搭配。

含水果的甜品：以白诗南葡萄为主的、甜型的卢
瓦尔河谷的白葡萄酒，比如武弗雷。酒标上有 "Moelleux"
（髓样的，中等甜度）字样的大部分法国酒。还有许多
清新的意大利甜白葡萄酒也可以与之搭配，如苏瓦韦
雷乔托（Recioto di Soave）、皮科里特（Picolit）。

冰激凌：冰凉的东西容易麻痹口感，所以不用选
特别好的酒，莫斯卡托就可以。

法式甜点（patisserie）：任何比食物更甜的甜
白葡萄酒。如果酒没有食物甜，会有令人不适的酸
涩感。

葡萄酒的侍酒惯例

保留到今天的餐厅惯例之一，是先倒些顾客所点的葡萄酒，让顾客品尝一下。我敢打赌，大部分尝酒的人以及倒酒的人都不太知道这个动作是为了什么。这其实是为了让点酒的顾客确认酒的温度是否合适，或者甄别酒是否有严重的缺陷。

我在餐厅里经常会遇到这种情况，红葡萄酒端上来时温度过高，于是我会要一个冰桶；白葡萄酒端上来时又太凉，所以我得确保把酒瓶放在冰桶外面。

导致你重换一瓶酒的种种严重坏酒情况中，最常见的一种是葡萄酒闻起来有霉味，没法喝。导致这种霉味出现的原因通常是葡萄酒的软木塞被污染了，而污染物则是专业人士常说的 TCA。这样的葡萄酒通常被形容为"corked"或者"corky"（软木塞味的或被软木塞感染的）。这其中的问题是 TCA 的污染程度差异很大、很复杂，而且我们自身对 TCA 的敏感程度也各不相同。这会引起侍酒人员与顾客之间的激烈讨论，但你可以告诉他们，除非酒的年份非常老，餐厅是可以把酒退给供货商并得到补偿的。TCA 最常见的副作用是喝的时候唇齿间没有果香。但请注意：你不能仅因为不喜欢一款酒的风格而拒绝为这瓶开好了的酒买单。

有些侍酒人员会有比较令人恼火的习惯：过分频繁地倒酒，导致酒面太高，杯中空间太少，妨碍了葡萄酒香气的充分聚集。如果碰到这样的情况，你可以礼貌而坚定地说明，你可以自己给桌上的各位倒酒。

THE 24 - HOUR
WINE EXPERT

06

不同场合的葡萄酒搭配

我喜欢葡萄酒的多样性，不仅是因为它的颜色、强度、甜度、起泡程度各有差别，也不仅是因为它由不同的葡萄品种酿成，所以风味各异。最重要的是，它有适合每天喝的葡萄酒、特定场合喝的葡萄酒，以及庆祝生命中特别时刻喝的葡萄酒。我认识一些只喝波尔多一级酒庄或勃艮第特级园葡萄酒的人，但我不希望自己是那样的。我比较喜欢那些老实本分酿酒的小农庄酒。

比起总喝你能买得起的最贵的好酒，更聪明的做法是按照场合搭配酒。

比如，吃烤肉时搭配特别优质的酒就会浪费，找一瓶强劲辛辣的红葡萄酒，如门多萨马尔贝克（Mendoza Malbec）、南罗讷河谷、西班牙歌海娜或是澳大利亚西拉就可以了。

对于一顿简单的晚餐，我会选择实在但简单的酒，如薄若莱、慕斯卡德或是用传统工艺酿造的年轻的基安蒂，以及一些精品小酒庄的酒。

但如果要招待认真懂行的葡萄酒爱好者，我会挑选确实值得一喝的酒。

大众情人酒款

这些酒各方面都不太极端，可以满足不同人的口味。

平易近人的白葡萄酒

- 马贡白。
- 白皮诺（Pinot Blanc，在德国称为 Weissburgunder）。

● 夏布利。

● 西班牙西北地区的阿尔巴利诺（Albariño，在葡萄牙北部称为 Alvarinho）。

● 意大利的上阿迪杰（Alto Adige）和弗留利（Friuli）的白葡萄酒。

● 维蒙蒂诺。

● 那不勒斯（Naples）附近的法兰娜（Falanghina）。

● 意大利亚得里亚海岸（Adriatic coast）的维蒂奇诺（Verdicchio）。

● 新西兰的长相思和霞多丽。

平易近人的桃红葡萄酒

● 干型普罗旺斯桃红葡萄酒。

平易近人的红葡萄酒

● 新西兰的黑皮诺。

● 澳大利亚莫宁顿半岛（Mornington Peninsula）的黑皮诺。

● 罗讷河谷大区级别的葡萄酒。

- 产自西班牙的歌海娜。

- 杜罗河红葡萄酒。

- 经典基安蒂。

- 来自意大利撒丁岛苏尔奇斯的佳丽酿（Carignano del Sulcis）。

- 有着迷人名字、质量上乘的薄若莱：福乐里（Fleurie）、圣阿穆尔（St-Amour）、风磨坊（Moulin-à-Vent）。

作为礼物的酒

除非你准备赠酒的人有酒窖，否则不要不假思索地去买最贵的酒。这些最贵的酒能买到的大多是年轻的年份，需要放许多年。

即便是葡萄酒专业人士，也会乐意收到一些质量不错的香槟，可以是比较顶级的大品牌，比如库克香槟（Krug）、唐·培里侬香槟（Dom Pérignon）或是一些顶级的小农香槟（具体见"惊艳的酒"中的香槟名单）。

任何偏门但有趣的葡萄酒，比如由稀有少见的葡萄品种酿成的酒，或是正冉冉上升的新葡萄酒生产商，尤其是由专业人士推荐过的……这些都是送给葡萄酒爱好者的不错的礼物。

此外，高质量的"芳香醋"（balsamic vinegar）或是庄园灌瓶的橄榄油，是葡萄酒专业人士圈内的另一种常见礼物。

优质葡萄酒推荐

惊艳的酒

下面这些酒的大名，对内行人有着一定的意义：

- 香槟：堡林爵香槟（Bollinger）、水晶香槟（Cristal）、唐·培里侬香槟、库克香槟。
- 勃艮第白葡萄酒：夏山 - 蒙哈榭（Chassagne-Montrachet）、默尔索、普里尼 - 蒙哈榭。
- 阿尔萨斯干型白葡萄酒：婷巴克世家圣约翰园雷司令（Trimbach Riesling Clos St Hune）。
- 雪莉酒：艾奎珀酒庄（Equipo Navazos）。
- 波特酒：尼伯特酒庄（Niepoort）。
- 马德拉：巴贝托（Barbeito）。
- 波尔多红葡萄酒：拉古斯酒庄（Châteaux Grand

Puy Lacoste）、巴顿城堡酒庄（Léoville Barton）、碧尚女爵酒庄（Pichon Lalande）、碧尚男爵酒庄（Pichon Baron）、老色丹酒庄（Vieux Château Certan）。

● 勃艮第红葡萄酒：杜雅克酒庄（Domaines Dujac）、木尼艾酒庄（JF Mugnier）、卢米酒庄（Roumier）、卢梭酒庄（Rousseau）。

● 教皇新堡：稀雅丝酒庄（Château Rayas）、帕普酒庄（Clos des Papes）、博卡斯特尔酒庄（Château Beaucastel）。

● 巴罗洛（Barolo）：马索林维尼亚雷欧达珍藏酒（Massolino Vigna Rionda Riserva）。

● 博卡：瓦拉那酒庄（Vallana）。

● 经典基安蒂：卡斯特林酒庄（Castell'in Villa）、玫瑰山岗珍藏酒（Poggio delle Rose Riserva）。

● 布鲁奈罗：詹尼·布鲁内利酒庄乐姬丝索托红葡萄酒（Gianni Brunelli Le Chiuse di Sotto）。

● 西西里岛：帕索皮西亚诺酒庄（Passopisciaro Contrada）。

- 里奥哈：阿连德酒庄（Allende）、喜悦葡萄酒集团（CVNE）、洛佩兹雷迪亚酒庄（López de Heredia）。

- 加利福尼亚州：阿诺特罗伯茨酒庄（Arnot Roberts）、奥邦酒庄（Au Bon Climat）、科里森酒庄（Corison）、杜莫尔酒庄（DuMol）、蛙跃酒庄（Frog's Leap）、利托雷酒庄（Littorai）、里斯酒庄（Rhys）、山脊酒庄（Ridge）、斯勃兹伍德酒庄（Spottswoode）。

- 俄勒冈州：砖房酒庄（Brick House）、克里斯顿酒庄（Cristom）、艾瑞酒庄（Eyrie）。

- 华盛顿州：莱昂内提酒庄（Leonetti）、奎塞达溪酒庄（Quilceda Creek）、安卓威酒庄（Andrew Will）、伍德沃酒庄（Woodward Canyon）。

- 澳大利亚：库伦酒庄（Cullen）、珂莱酒庄（Curly Flat）、格罗斯酒庄（Grosset）、翰斯科酒庄（Henschke）、慕丝森林酒庄（Moss Wood）、巴耐尔酒庄（S.C.Pannell）、奔富葛兰许（Penfolds Grange）、托尔帕德尔酒庄（Tolpuddle）、菲历士

酒庄（Vasse Felix）。

● 新西兰：新天地酒庄（Ata Rangi）、库姆河酒庄
（Kumeu River）。

我喜欢的小农香槟

下面这些是相对小规模的葡萄酒生产商，他们在自己村庄的葡萄园里种葡萄，然后自己酿造。

● 来自吕德的拉斐尔文森特香槟酒庄（Raphäel et Vincent Bérèche, Ludes）。

● 来自莫菲的夏尔多涅－泰耶香槟酒庄（Chartogne-Taillet, Merfy）。

● 来自康加的于利斯科兰香槟酒庄（Ulysse Collin, Congy）。

● 来自希尼莱罗塞的福满心香槟酒庄（J. Dumangin, Chigny-lès-Roses）。

● 来自昂博奈的欧哥利屋也酒庄（Egly-Ouriet, Ambonnay）。

● 来自库尔特龙的弗勒里酒庄（Fleury, Courteron）。

- 来自奎斯的皮埃尔吉侬酒庄（Pierre Gimonnet, Cuis）。
- 来自夏博的金兰酒庄（Laherte Frères, Chavot-Courcourt）。
- 来自韦尔蒂的牧笛薄衣香槟（Larmandier-Bernier, Vertus）。
- 来自昂博奈的马尔盖父子酒庄（Marguet Père et Fils）。
- 来自奥热尔河畔勒梅尼勒的蒙库特酒庄（Pierre Moncuit, Le Mesnil-sur-Oger）。
- 来自奥热尔河畔勒梅尼勒的彼得斯酒庄（Pierre Peters, Le Mesnil-sur-Oger）。
- 来自盖于的杰罗姆普雷沃斯特酒庄（Jérôme Prévost, Gueux）。
- 来自昂博奈的埃里克罗德斯香槟（Eric Rodez, Ambonnay）。
- 来自克拉芒的苏嫩香槟（Suenen, Cramant）。
- 来自里伊拉蒙塔涅的威尔马特酒庄（Vilmart, Rilly-la-Montagne）。

20 种使人欣喜若狂也可能财殚力竭的葡萄酒

令我惊讶的是，我的网站上给出满分 20 分的葡萄酒竟超过了 100 种。下面的酒是精华中的精华，按照一顿令人欣喜若狂的精美晚宴的饮用顺序排列。

- 艾奎珀酒庄第 15 号马沙尔奴多阿多（Marcharnudo Alto）菲诺无年份雪莉。
- 1959 年的堡林爵酒庄 RD 香槟。
- 婷芭克世家圣翰园 1990 年的阿尔萨斯雷司令（Trimbach, Clos Ste Hune Riesling 1990 Alsace）。
- 伊贡米勒沙兹堡 1949 年萨尔区精选第 10 号雷司令（Egon Müller, Schar-zhofberger No.10 Riesling Auslese 1949 Saar）。
- 罗曼尼·康帝 1978 年蒙哈榭特级园（Domaine de la Romanée-Conti, Grand Cru 1978 Montrachet）。
- 勒桦酒庄 2012 年香贝丹特级园（Domaine Leroy, Grand Cru 2012 Chambertin）。
- 阿曼·卢梭父子圣雅克热夫雷 - 香贝丹 1999 年一级园（Domaine Armand Rousseau, Clos St Jacques

Premier Cru 1999, Gevrey- Chambertin）。

● 圣圭托酒庄（San Guido）1985 年的西施佳雅
（Sassicaia）。

● 1971 年的柏图斯酒庄（Petrus）波美侯（Pomerol）。

● 1947 年的白马酒庄（Château Cheval Blanc）圣
埃美隆（St-Émilion）。

● 1961 年的宝马庄园（Château Palmer）玛歌
（Margaux）。

● 1961 年的拉图城堡（Château Latour）波雅克
（Pauillac）。

● 1959 年的侯伯王庄园（Château Haut-Brion）格
拉夫（Graves）。

● 1945 年的木桐酒庄（Château Mouton）波雅克
（Pauillac）。

● 嘉伯乐酒庄（Paul Jaboulet Aîné）教堂园 1961
年的埃米塔日红葡萄酒。

● 1953 年的奔富葛兰许（Penfolds, Grange）南澳。

● 1990 年的瑞格尔侯爵酒庄（Marques de Riscal）
里奥哈。

● 1990 年的滴金酒庄（Château d'Yquem）苏玳贵
  腐甜白葡萄酒。
● 1963 年的飞鸟园（Quinta do Noval）国家级老藤
  单一葡萄园的波特酒。
● 泰勒公司 1945 年的年份波特酒。

Master Tip

你的选择透露了你的性格

普洛赛克：有趣、外向但遇事沉稳。

香槟：喜欢纵情享乐。

阿尔巴利诺、卢埃达（Rueda）、维蒙蒂诺、萨瓦涅（Savagnin）：爱冒险的白葡萄酒爱好者。

公平贸易葡萄酒：富有同情心。

用比较沉的酒瓶装的葡萄酒：市场营销的牺牲品。

英国／加拿大葡萄酒：英国／加拿大爱国者。

波尔多红葡萄酒：保守的传统派。

澳大利亚西拉：我打赌他是烧烤派对中掌厨的那一位。

自然酒、雪莉：嬉皮士。

勃艮第：受虐狂（失败率会令人失望地高）。

装在"安瓿"[1]（The Ampoule）中出售的高端葡萄酒：行凶抢劫者。

---

[1] 此处"安瓿"泛指华丽精美的容器。——译者注

THE 24 - HOUR
WINE EXPERT

07

花合适的钱，选适合的酒

学会看性价比

与常见的流行观点相反，葡萄酒的价格与质量之间并没有直接的关联。许多葡萄酒定价过高是因为人们的野心与贪婪推动了市场需求，或者仅仅是因为营销人士看到了一个需要在此价格区间存在的"旗舰酒"（Icon Wine）。

现在最贵的葡萄酒与最便宜的葡萄酒之间的质量差别不如以往那么大，但价格的差别却大得惊人。聪明的葡萄酒购买者，会买性价比比较高的、可靠的葡萄酒。

包装、运输、营销，以及许多国家的本地税、关税，占了廉价葡萄酒价格的大部分，你所花的钱中只有很小一部分是酒本身的价值。比较贵的葡萄酒中，商家赚钱的野心占了大部分。因此，性价比较高的葡萄酒通常在每瓶 7 ~ 20 英镑，或者 10 ~ 30 美元。这时，你购买的葡萄酒更物有所值。

一些被低估的高性价比葡萄酒

下面我在数以百计的候选中挑出了一些铺货渠道比较广泛的葡萄酒。如果你想要了解更多信息，请登录 JancisRobinson.com。

- 在波尔多被称作"小酒庄"（petits Châteaux）的酒庄，不是特别知名，比如：贝乐威酒庄（Châteaux Belle-Vue）、瑞隆酒庄（Reynon）。
- 特定地点的朗格多克 - 鲁西荣葡萄酒，比如：科本讷酒庄（Domâine de Cébène）、琼斯酒庄（Domaine Jones）。
- 南非的白葡萄酒，比如：A.A. 拜登马酒庄（A.A. Badenhorst）、榭蒙尼酒庄（Chamonix）。

- 智利的红葡萄酒，以及越来越多的白葡萄酒，比如：狂人酒庄（Clos des Fous）、德马丁诺酒庄（De Martino）。
- 卢瓦尔河谷产区的所有葡萄酒，特别是慕斯卡德子产区，比如：邦尼·伊杜酒庄（Bonnet-Huteau）、爱古酒庄（Domaine de l'Ecu）。
- 薄若莱，比如朱利安苏尼尔酒庄（Julien Sunier）、希威酒庄（Château Thivin）。
- 罗讷河谷，比如雅拉里酒庄（D&D Alary）、凯鲁酒庄（Clos du Caillou）。
- 西班牙歌海娜，比如卡普坎内斯酒庄（Capçanes）、金内兹兰蒂酒庄（Jiménez Landi）。
- 葡萄牙的葡萄酒，比如克拉斯托酒庄（Quinta do Crasto）、艾斯波澜酒庄（Esporão）。

一些定价过高的葡萄酒

- 绝大部分享有盛誉的波尔多红葡萄酒，所谓的"一级酒庄"（first growth）。

- 来自勃艮第最有名的特级园葡萄酒（红葡萄酒和白葡萄酒）。
- 加利福尼亚州的"膜拜赤霞珠"（cult Cabernets）。
- 大部分香槟。
- 绝大多数称为"旗舰"（"ICON"）的酒。

第 14 堂课
物超所值的酒

无论价格多高都值得买的酒

- 在值得信赖的环境中存放，已在瓶中成熟多年的精品葡萄酒。葡萄酒的来源意味着一切，最好的保存条件之一是稳定且相对较低的温度。
- 优秀的稀缺酒，不包括生产成千上万瓶酒的波尔多一级庄。
- 为帮助经营得不错的慈善组织而卖的葡萄酒。

Master Tip

10 个常见的葡萄酒误区

1. 价钱越高，酒越好。

物有所值的酒零售价一般在 8～20 英镑之间。低于 8 英镑的酒，扣去固定成本和税只剩下很少一部分，所以质量差的可能性很高；超过 20 英镑的酒，你会冒着为自负、定位、精品葡萄酒市场的种种变幻莫测付钱的风险。

2. 瓶越重，酒越好。

葡萄酒生产商，会因为一些原因，使用厚玻璃瓶作为一种营销工具，但它其实是一种全球资源的浪费。这种现象，尤其在以西班牙语为主的国家较为常见。越顶级的葡萄酒生产商，越对此有意识。

3. 旧世界的酒，总是比新世界的好。

每个地方都有好酒和不好的酒。

4. 你必须喝红葡萄酒配肉，喝白葡萄酒配鱼。

具体见"葡萄酒与食物的搭配"。

5. 好酒的瓶子底部都有一个深凹。

瓶底有深凹常常是出于营销方面的综合考虑。

6. 红葡萄酒比白葡萄酒酒力更强。

现在的很多红葡萄酒酒精含量只有 12% 或更低。

7. 所有的酒都会随着陈年而变得更好。

具体见"什么样的葡萄酒需要陈年"。

8. 在餐厅点了葡萄酒后，侍酒人员让你尝一下酒，是为了看你是否喜欢。

具体见"餐厅侍酒惯例"。

9. 粉红葡萄酒和甜酒是给女性喝的。

才不是呢。

10. 所有酒在开瓶后经过一段时间"呼吸",然后再喝,口感会更好。

具体见"何时开瓶,是否需要醒酒"。

THE 24 - HOUR
WINE EXPERT

08

葡萄酒的基本器具

THE 15TH LESSON 第15堂课
装酒的容器

酒杯

　　葡萄酒杯不需要太复杂。只需要酒杯边缘有一些向里的斜度，使其腹大口小，这样你就可以安全地晃动酒杯，最大化葡萄酒的表面积，让所有味道逸出并聚集在酒面与杯缘之间的空间里。为了给香气更多的空间，倒酒时要不多于酒杯的一半，最好是三分之一，这并非吝惜酒。如果一个杯子的整个容积是250～350毫升，为了能在晃酒时给予香气足够的空间，一般只倒120毫升的酒。

　　能帮助你晃酒的是高脚杯的杯柄，而且不需要太过分地晃，否则会显得很可笑。杯柄也能帮助你握杯

普通香槟酒杯　细长型香槟酒杯

时不影响葡萄酒的温度。没有杯柄的酒杯适合野餐，平底玻璃杯则一般在随意的酒吧或餐厅使用。我偏爱有杯柄的高脚杯。

与酒杯厂家的建议相反，你并不需要多于一种尺寸或形状的葡萄酒杯。相比于红葡萄酒，白葡萄酒应该用更小的杯子，这种说法也并无逻辑可言。专业人士也开始逐渐改变看法，认为即使是品尝香槟、波特或雪莉酒，用同一尺寸和形状的酒杯，效果与品尝非加强酒一样好。

喝香槟一度流行用大杯口的碟形杯，最近又再度流行起来。但是，酒杯体越高，香槟酒的气泡保持得越久，因为可供气泡逃逸的表面积相对较小。

理想的葡萄酒杯应该是无色的，甚至杯柄也要尽可能简单，沉重、繁复的雕花玻璃杯就有些碍事了。

酒杯厚度会影响品酒体验。杯缘越细，酒壁越薄、装饰越少，你越能感受到葡萄酒本身。因为上述原因，专业人士会回避那些有色的、雕花的、分切割面的酒杯。我最喜欢的酒杯是在世界上名列前茅的葡萄酒杯生产商醴铎（Riedel）的基本款，适合在日常生活中使用。在一些特殊场合或者喝一些特殊的酒时，我会用扎尔图（Zalto）的超级精细款通用杯。这两款酒杯都可以用普通的洗碗机清洗。

醴铎
标准杯

扎尔图
通用杯

包装：瓶装、袋装、罐装还是盒装

几个世纪以来，葡萄酒一直用玻璃瓶装，因为玻璃不但不会影响酒的味道，而且材质稳定。但玻璃瓶的瓶体重、容易破碎，在制造、运输、回收上都消耗了相当多的资源。现在人们讨论较多的是，对于灌装后几个月内就要喝掉的新鲜风格的酒，建议用盒装、袋装、罐装，甚至用塑料瓶装，这些容器都要轻很多。但在几个月后，这些材料绝大部分都会与葡萄酒发生反应。因此，玻璃瓶装确实最适合那些值得陈年的酒。

另一个令人开心的、可持续发展的趋势是，葡萄酒的运输和出售越来越流行装在比普通玻璃瓶大得多的容器中，比如盒中袋、小桶等。技术进步飞快，葡萄酒现在可以保

持新鲜的状态长达数周，而以前只能保持数天。显然
刚才提到的这些包装方法，不适用于那些需要长期陈
年的精品酒，但对目前其他大部分葡萄酒来说，它还
是很合适的。

软木塞、合成软木塞和螺旋盖

　　酒瓶需要瓶盖。几个世纪以来，圆柱形软木塞大
行其道：它们中性、持久，也许还能让微量空气进来，
帮助酒陈年。但到了 20 世纪末，以葡萄牙人为主的软
木塞厂家生产的软木塞质量开始下降，而葡萄酒生产
商也注意到软木塞的污染正呈上升趋势。被污染了的
葡萄酒闻起来有股倒胃口的霉味。最差劲的是，轻度
的软木塞污染只对葡萄酒生产商来说是显而易见的，
他们能感觉到酒失去了果香，但对普通的葡萄酒消费
者来说，这味道就没那么明显了，他们不知道自己有
权抱怨。

以上这些所造成的后果是，越来越多的葡萄酒生产商，特别是澳大利亚和新西兰，他们觉得自己接收到的软木塞属于质量差的那类。于是，他们开始使用其他的瓶盖，比如人工合成的软木塞或者螺旋盖，它们也可以设计成允许一小部分空气进入葡萄酒。于是软木塞生产商开始提升质量，但显然太迟了，澳大利亚和新西兰的市场难以再恢复了。

因为过渡时间太短，我们现在还不能确定使用螺旋盖的酒跨世纪陈年的效果如何。但已有实验显示，螺旋盖酒瓶中陈年 10 年或 20 年的酒，与天然软木塞酒瓶中同样的酒相比，酒饕们更推荐前者。

第 16 堂课
开酒

如何拔出软木塞

软木塞的忠实使用者一方面反对螺旋盖，因为螺旋盖缺少一些浪漫的感觉，另一方面又担忧软木森林的生态。一直以来，让我觉得奇怪的是，大部分装在容器中出售的葡萄酒，只能用并无其他用处的专门工具开。没错，我指的是开瓶器。

因为经常要一次性开好几十瓶葡萄酒，所以螺旋盖对我来说很便

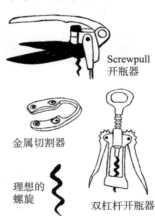

Screwpull 开瓶器

金属切割器

理想的螺旋

双杠杆开瓶器

利。我喜欢 Screwpull（世界顶级葡萄酒配件品牌）酒刀之类的开瓶器，用它拔出软木塞只需要两个简单的动作，但这动辄需要花上 60 英镑以上。开瓶器最重要的因素，一是螺旋够凹，这样开瓶器就不会钻出一个洞，让你拔塞时费劲；二是螺旋头够尖。

如何开一瓶起泡酒

一瓶香槟的压力等同于汽车轮胎，所以在开瓶时掌控住木塞至关重要。小心地松开瓶口的铁圈，用拇指握住瓶颈处的木塞。然后旋转瓶子，瓶内气压会将木塞往上推，持续用拇指轻摁住木塞，直到它轻轻地弹出。

酒越凉，越少摇动，木塞就越好控制，甚至产生危险的可能性就越小。

不建议使用赛车手那种香槟"喷洒式"的开法。

THE 24 - HOUR
WINE EXPERT

09

其他种类的葡萄酒

第 17 堂课
起泡酒和加强酒

起泡酒

葡萄发酵成葡萄酒的过程中会产生二氧化碳，这种无害的气体存在于各种带气泡的饮料中，包括起泡酒。

通过"二氧化碳法"，气泡可以被直接泵入酒中。可乐的厂家就是这么做的。

还有一种技艺更成熟、更持久的方法叫作"罐中法"（Tank Method），法语称作查尔曼法（Charmat 或 cuve close）即在装葡萄酒的密封罐中加入糖和酵母，使其二次发酵，产生的二氧化碳混在酒中，并在压力下装瓶。意大利东北部的普洛赛克起泡酒和大部分不太昂贵的起泡酒，都是这么酿成的。

西班牙的卡瓦（Cava）和法国东北部香槟地区的酒，则是用另一种更缓慢艰苦的复杂方法——传统法（Traditional Method）酿成的。二次发酵不是在罐中，而是在瓶中进行的，所以葡萄酒与死酵母细胞要接触数月甚至数年的时间，由此酒就有了复杂度。在这个过程中形成的沉淀物会积聚在倒放的瓶颈处，经过冰冻处理后，酒瓶中的压力会将冰冻的酒泥弹出，然后再将酒瓶正放，通过补液填满空缺，加上木塞和钢圈封瓶。

香槟及世界上的许多效仿者，都用霞多丽以及精细、深色果皮的皮诺葡萄品种来酿造。

加强酒

加强酒属于葡萄酒的一个分支，比普通葡萄酒的酒精度更强，因为加入了酒精，如以葡萄为原料蒸馏而成的白兰地。

波特酒产自葡萄牙北部的杜罗河谷，它 18%～20% 的酒精强度主要来自于加入的烈酒。加入的时机是在本地的葡萄品种发酵过程中，所有糖分还没有变成酒精之前。绝大部分波特酒年轻时是深紫色的，这得归功于杜罗河罕见的炎夏。

另一种有名的加强酒是雪莉酒，由西班牙南部赫雷斯地区（Jerez）平原的浅色果皮的帕洛米诺葡萄（Palomino）酿成。不同风格的雪莉酒取决于加入烈酒的时间和方式，以及酒在各种桶中陈酿的时间。我最喜欢的风格是菲诺，它与老派甜腻雪莉酒的形象完全不同，还有酒体更轻一点的曼沙尼亚，它们都只有15% 的酒精含量，可以像其他干型白葡萄酒一样享用。

马德拉酒来自于大西洋岛屿马德拉群岛，其风格丰富而浓烈。它更为罕见的一点是，酒开瓶后可以一直保留。

甜酒和"有机酒"

甜酒

甜酒可以用许多方法来酿造。甜度一般来自以下几个途径：

- 在所有的糖转化成酒精之前就停止发酵。
- 加入浓缩葡萄酒汁。
- 风干葡萄以浓缩糖分。
- 采摘冰冻葡萄（冰酒），将冰碴儿分离。
- 使用感染了"贵腐菌"从而浓缩了糖分的葡萄来酿酒。

甜酒现在可能显得有点"过时"，但葡萄酒中含一些糖分其实也没有那么差劲，世界上一些优秀的精品酒就是甜的。其实这是一个关于"平衡"的问题，如果酒已经有足够的酸度，用甜度来平衡一下，则喝起来不会太腻味。

有机、生物动力法和自然酒

其他特别种类的葡萄酒，通常根据其制造方法来划分。认证为"有机"的葡萄酒，葡萄在种植过程中只施加极少的农用化学品。用生物动力法（Biodynamic）种植的葡萄则更严苛，要根据月相加入顺势疗法式的、听起来奇怪的自然堆肥和制剂。这听起来很疯狂，但也产生了一些令人兴奋的酒。那些看起来很健康的葡萄园，也许是因为种植者们一根葡萄藤一根葡萄藤的极致照料起到了作用。

当前，自然酒极其流行。在种植有机葡萄的生产商之间存在着明显的"战友情"。他们尽可能少地干预葡萄的生长，甚至有时候都不添加硫化物这种自罗马时代以来就广泛使用的果实防腐剂和杀虫剂。但是目前还没有规范自然酒的酿造准则，它们的质量也参差不齐。

实际上，在第二次世界大战以来的几十年间，绝大部分葡萄酒生产商都已经开始在葡萄藤及葡萄酒中减少添加化学成分了。我个人是希望能看到，葡萄酒能像食物一样，也有强制性的成分标签。

总之，尽管我怀疑以有机、生物动力、自然酒为营销噱头的葡萄酒，但确实它们当中也有一些非常不错的酒。我不认为有机酒喝起来与一般酒有很大的差别，但我有时能喝出生物动力酒中额外的生机和能量。偶尔，自然酒有些太过，喝起来有种二次发酵或苹果汁的味道，甚至让人联想到仓鼠笼子的味道，但总体来说它们的口味正变得越来越好。

Master Tip

关于葡萄酒的 10 个小贴士

1. 认识当地的独立的葡萄酒零售商。

2. 你只需要一种形状和尺寸的葡萄酒杯，不管葡萄酒是什么颜色的，甚至香槟、加强酒，都可以用你的这只通用杯来享用。

3. 葡萄酒的品鉴没有对错之分。我可以解释如何从一杯葡萄酒中喝出尽可能多的信息。但是，决定你是否喜欢这杯酒的人是你自己，而非你认为的葡萄酒专家朋友。

4. 倒酒时不要超过酒杯的 1/2，这样你可以晃动酒杯，真正享受到所有重要的香气。

5. 装葡萄酒用的是木板箱而不是木条钉的箱。开葡萄酒用的是螺旋锥，而不是简单的"开瓶器"。

6. 一些非常好的葡萄酒现在用螺帽盖，是因为生产商和消费者已渐渐不能忍受因为木塞工艺问题而让葡萄酒产生难闻的木塞味。

7. 有一些甜酒很不错，不要低估它们。一流质量的甜波尔多白葡萄酒，如苏玳、巴萨克（Barsac）等，比同级别的红葡萄酒性价比更高。

8. 世界上性价比最高的葡萄酒都是那些不怎么流行的酒，比如雪莉酒和波特酒。

9. 侍酒的温度很重要。太冷，酒很难喝出什么味道；太热，喝起来又会感觉一团糟。

10. 在搭配葡萄酒和食物时，颜色并不重要，酒体更重要。

THE 24 - HOUR
WINE EXPERT

10

如何处理一瓶酒

开瓶

为什么饮用温度很重要

一杯葡萄酒最重要的，当然是酒本身。就像我之前提到的，酒杯有一定的影响，但更重要的是酒在什么温度下喝。通过调整它的温度，你可以让一杯葡萄酒更好喝，或者更难喝。

酒的温度越高（大约在 20℃ 之内），就会有越多的分子逸出，产生更多的香气。相反，酒的温度越低，则闻起来越寡淡。在我的学生时代，在售的葡萄酒中有一半以上都充满了可怕的化学物质，冰镇一下这些廉价的白葡萄酒，你喝的时候就猛地喝不出什么味道了。

但如果你把白葡萄酒的温度降得过低，则可能会剥夺它的最大特质：香气。不同的葡萄品种香气不同，比如长相思和雷司令比其他品种更香，所以，与霞多丽、白皮诺和灰皮诺这些天生味道不明显的品种相比，你可以把长相思和雷司令冰得温度相对低些。

葡萄酒的酒体也对温度有影响。越重的酒体，香气分子越需要挣扎着离开酒表面。所以，重酒体的白葡萄酒，如强劲的霞多丽和罗讷河白葡萄酒，与轻酒体的白葡萄酒，如雷司令、慕斯卡德或其他低于 13% 酒精度的酒相比，前者需要在相对较高的温度下，才能充分地表现出来。对于红葡萄酒，也是同样的道理。轻酒体的红葡萄酒，比如薄若莱、蓝布鲁斯科，以及世界各地的低酒精度的红葡萄酒，最好在低一点的温度，大约 12℃时饮用。

许多重酒体的红葡萄酒，温度过低时喝，会有些不对味。因为在低温中，年轻红葡萄酒中常见的单宁会加重，而单宁需要时间来逐渐软化。

如果你想喝一瓶单宁相对较高的年轻红葡萄酒，为了让它更好喝一些，可以在相对高的温度下饮用，这时单宁就不会那么明显。但不要超过 20℃，因为在这个温度以上可贵的香气就开始变得易挥发了，也开始"热过头"了。

在实际操作时，由霞多丽酿成的、重酒体的勃艮第白葡萄酒的理想侍酒温度是 15℃。这与勃艮第红葡萄酒的侍酒温度是一样的，因为这种红葡萄酒多用黑皮诺酿成，酒体相对比较轻。

如何给葡萄酒降温和升温

给一瓶葡萄酒降温的最简单的方法，是将其放在冰箱里几个小时。但注意不要放太多天，这是因为长时间地放在冰箱里，会让葡萄酒失去香气和活力。另外，如果需要快速地给一瓶葡萄酒降温，我会毫不犹豫地把酒放在冰柜里，但时间需要控制在 1 小时以内。另外要注意，不要把葡萄酒放在 0℃以下的地方超过 1 小时。因为假如葡萄酒的酒精度是 X%，那它将会在零下 X/2℃结冰并膨胀，结冰后会将木塞推出瓶颈。

另一种替代的办法是用冰冻室里的冷却套降温，或者更快一点的方法是，把葡萄酒放在一个老式冰桶里。许多人甚至包括专业人士，在冰桶里只放冰块，但更有效的方法是将水与冰块混合，这样酒瓶表面就能充分地接触降温介质，只是在倒酒时需要处理一下水滴。

如果我手上是一杯相对普通的酒，酒已经倒上了，但需要赶快给它降温，我会加块冰，只要是干净、中性的冰块即可。

相反，如果你需要给一瓶酒升温，把它放在室温下 1 个小时通常就可以了。

但如果需要给酒快速升温，你可以手捧酒瓶传递体温，或者往热水冲洗过的干净壶或醒酒器里倒酒，然后轻晃。甚至，更有效的方法是，你在酒杯中倒些酒，用手焐暖。

一旦你的酒在热的天气或房间中达到了合适的温度，你便可以把开瓶后的酒瓶放在用来保持温度的真空冷却器里了。

何时开瓶，是否需要醒酒

对许多人来说，开酒堪称一个宗教性的神圣仪式。由此，这其中也演变出了在倒酒之前不同种类的葡萄酒需要"呼吸"多久的晦涩规则。

与许多葡萄酒科学家一样，我怀疑通过瓶颈如此小的面积，瓶中的酒能发生多少变化。但确实，暴露在空气中会对葡萄酒产生很大的影响。对一瓶年老且脆弱的酒来说，过多地暴露在空气中可能会摧毁它。

但另一方面，对一瓶年轻的酒进行适当的通气，可以模拟出一定程度的陈年过程。比如，一瓶单宁很重的、收敛的年轻红葡萄酒，甚至是一瓶紧缩、内向、拘谨的年轻白葡萄酒（特别是勃艮第白葡萄酒），暴露在空气中 1~2 小时，就会变得更容易让人体会酒的风味。一些年轻的红葡萄酒暴露在空气中的时间可以更长一些，比如巴罗洛，以及一些单宁和香气起着重要作用的波尔多红葡萄酒。

最有效的方法是醒酒。"醒酒"这个词，听上去可能有些浮夸，但它指的是把瓶中酒倒在一个干净的容器里。理想的状态是倒在中性玻璃的容器里，比如玻璃壶。

醒酒器通常在设计时会考虑到容纳 750 毫升的酒，以让酒与空气充分接触的表面积足够大。你也可以找到特意为大酒瓶设计的醒酒器，可以容纳 1500 毫升双瓶装的酒。往醒酒器里猛地倒酒有助于醒酒，这与简单地晃动杯中的酒是同样的道理。

醒酒的另一个目的是分离酒瓶中可能形成的沉淀物。沉淀物不仅看起来倒胃口，尝起来也有点苦。不太贵的酒在装瓶前会被充分澄清，比如使用过滤的方式，所以不太可能在瓶中形成沉淀物。但在非工业化生产的葡萄酒中，多种物质特别是单宁和色素相互作用，会形成沉淀，有些会附着在酒瓶内壁上，大部分则在酒瓶直立时坠落到瓶底。分离沉渣和酒最有效的方法是让酒瓶直立 1 小时左右，然后对着一个明亮的光源，如点着的蜡烛，把葡萄酒倒出来，与沉渣分离。

如果你计划开几瓶酒，并希望尽量不搞混，则可以进行"双重醒酒"。即，把酒与沉渣分离，倒进壶或醒酒器中，仔细冲洗酒瓶，再把不含沉渣的酒重新倒回酒瓶，在此过程中让酒尽可能多地接触空气。

剩酒

如果酒与空气长时间接触，比如超过一个星期，即便是年轻酒，也会失去它们的果香。所以，要尽可能让剩酒少接触空气。

你可以在瓶中的剩酒和瓶塞之间注入一些惰性气体，或者把剩酒倒进一个小瓶中。那些将剩酒瓶抽成真空的工具，我之前使用的体验并不是太好。

因为比较高的温度会加快反应，所以你可以把剩酒放进冰箱，以延缓它的退化，只是需要记住：如果剩酒是红葡萄酒，再次喝它之前需要提前把它从冰箱中取出来放一会儿。

对于那些不能一次性喝完一瓶 750 毫升酒的人来说，有个新式武器可能比较适用于一些认真的葡萄酒极客。它由一位叫作格雷格·兰布雷切特（Greg Lambrechet）的热爱葡萄酒的美国医学科学家发明。他夫人完全不喝酒，一个标准瓶的酒对他来说又太多，这让他很为难。于是，他便发明了这个工具。这个叫作卡拉文（Coravin）的工具大约 270 英镑，可以从瓶中用细针抽出你想喝的分量的酒，可以很多，也可以很少。针很细，软木塞可以自动恢复密封状，抽出酒之后在瓶中留下的空间会灌以惰性气体，以排除会毁坏葡萄酒的氧气干扰。

卡拉文

哪些葡萄酒需要陈年

我们通常认为，葡萄酒会因陈年而变得更好，但这只适用于今天所有葡萄酒中不到 10% 的酒。

绝大多数的酒，特别是桃红葡萄酒和大部分白葡萄酒，甚至是基本款的红葡萄酒，就是这些在大众市场上低价出售的酒，都是供装瓶后一年之内喝完的。只有那些特级的、最昂贵的酒，特别是来自法国和意大利的酒，是为了买后长年储存甚至陈年几十年而设计的。即便是这些酒，喝的时候也可能会过了壮年期，因为人们倾向于留着这些酒，等待一个足够特别的场合或特别的人才去享用。

世界上绝大部分有趣的酒，正如这本书中所提及的，在瓶中放置一段时间，都能获得更多的复杂度和趣味。

简言之，那些需要在瓶中陈年的葡萄酒，通常是因为在装瓶过程中晕瓶了，所以需要 1 ~ 3 个月时间的

"恢复"，才能展现其真正的表现力。年轻的白葡萄酒会在最初几个月内显得过于干涩，而年轻的红葡萄酒在早期则常常会太收敛，单宁感过强。

有一条通用的规则，即一个特定种类里的葡萄酒越贵，越值得陈年。这就是如果要选一瓶马上饮用的葡萄酒，商店里最贵的那一瓶绝不是最合理选择的原因。但有一个显而易见的例外是孔得里约，它是北罗讷河用维欧尼（Viognier）酿成的重酒体白葡萄酒的完美典范，价格不便宜，但一般没有再继续陈年的必要。

另一方面，除了极其专业的消费者，一旦一个人认为一瓶酒值得保留，就不太愿意打开它。所以这瓶酒会一直放着，且常常是放在不太合适的环境中，直到错过了它的最佳饮用时间。

因此，许多买便宜酒的人并没有意识到这些酒应该在酒年轻时饮用，所以我怀疑更多的酒是喝得太晚，而不是太早。

如何储存葡萄酒

老式商店货架上不适合储存葡萄酒。厨房设计师可能会建议在厨房储存葡萄酒，但这不是个好主意，因为绝大多数厨房的温度波动很大，不适宜存酒。葡萄酒是一种需要适宜储存条件的、脆弱的、有生命力的东西。

下面我按重要顺序列出一些储存条件因素。

温度：低温，13℃是理想的温度，10℃～20℃之间也可以。但储存温度越高，葡萄酒陈年得越快。温度应该尽可能恒定，葡萄酒不喜欢太剧烈的变化。

光线：对葡萄酒很不利，特别是起泡酒，要尽可能地避光。

强烈气味：应尽可能避免，可能会污染葡萄酒。

湿度：理想的湿度应该是 75% 的相对湿度。如果空气太干，软木塞会变干皱缩，空气就会进来；如果湿度太高，葡萄酒不受影响，但标签会发霉。

上述这些因素，意味着很难找一个合适的储存场所。酒窖是最理想的，平时很少用的卧室壁橱则是另一个合理的替代选择。用庭院里的小屋储存，葡萄酒可能会有被冰冻的风险。有一家叫作 Spiral Cellars 的公司，可以安装一系列特定形状的砖，形成一个螺旋式楼梯，留出的开放空间里可以放酒瓶。我在自己的花园庭院里也置办了一个，但是树根戳穿了外层的橡皮包套，导致它的环境变得很潮湿。还有一种比较安全，但价格不菲、存取也有些不便的方法是，把酒存放在专业的存酒场所。你可以按箱或按年付费，运进或运出葡萄酒时再重新算价格，这样的专业场所可以帮助你记录这个远程酒窖的数据。

Master Tip

不同种类葡萄酒的适饮期

这里我将对不同种类的葡萄酒应该保存多久以及在什么时候喝，给出一些建议。其中一些非常精品的酒，可以保存得时间更长一些。

静止白葡萄酒

- 便宜酒：1 年内，但理想的话，最好不要超过几个月。
- 灰皮诺：2 年内。
- 维欧尼、孔得里约：2 年内。
- 长相思、桑赛尔、普伊－富美：1～2 年。
- 绿酒（Vinho Verde）、阿尔巴利诺，以及其他加利西亚白葡萄酒：1～2 年。
- 麝香：1～3 年。
- 罗讷河及风格相似的白葡萄酒：2～5 年。

- 琼瑶浆：2~6 年。

- 白诗南：2~10 年。

- 霞多丽、勃艮第白葡萄酒：2~10 年。

- 夏布利：2~12 年。

- 赛美蓉：3~10 年。

- 雷司令：3~15 年。

- 贵腐甜酒：5~20 年。

桃红葡萄酒

这一类酒几乎都最好在 1~2 年内喝，尽可能在它们年轻时喝掉。

红葡萄酒

- 便宜酒：1 年以内。

- 薄若莱以及其他以佳美为主的酒：1~5 年。

- 仙粉黛 / 普里米蒂沃（Primitivo）：2~12 年。

- 黑皮诺、勃艮第红葡萄酒：2~15 年。

- 桑娇维塞、基安蒂和经典基安蒂、蒙达奇诺·布鲁奈罗：3~12 年。

- 杜罗河以及其他葡萄牙红葡萄酒：4～12年。

- 歌海娜、南罗讷河红葡萄酒：4～15年。

- 品丽珠、布尔格伊、希农：4～16年。

- 非廉价款的梅洛、右岸波尔多：4～18年。

- 丹魄、里奥哈、杜埃罗河岸：4～20年。

- 西拉、北罗讷河红葡萄酒：5～25年。

- 非廉价款的赤霞珠、左岸波尔多：5～25年。

- 内比奥罗、巴罗洛、巴巴莱斯克（Barbaresco）：
  10～30年。

起泡酒

- 普洛赛克、阿斯蒂、莫斯卡托、全起泡型（Spumante）：
  尽可能在酒年轻时喝掉。

- 卡瓦：1～2年。

- 克雷芒：1～2年。

- 无年份香槟：1～5年。

- 年份香槟：2～10年。

强劲的加强酒

大多数加强酒都在可以喝的时间点流通到市场了，但也有一些例外：

- 单一酒庄年份波特酒（Single-quinta vintage port）：
  2~20 年。
- 年份波特酒：15~40 年。

THE 24 - HOUR
WINE EXPERT

11

记住这些葡萄品种

第 21 堂课
葡萄的名字

葡萄的名字——了解葡萄酒知识的捷径

20 世纪的下半叶，葡萄酒业内发生了一些革新。许多葡萄酒庄在酒瓶上不再标产地的村庄或地区名（如夏布利），而是标酿酒的主要葡萄品种，以显示这款酒用单一品种酿造。所以，酒标上会出现霞多丽，而非夏布利。

在那些已建立数世纪声望的地方之外，因为酒标标注主要的葡萄品种，酿酒商可以与消费者沟通一瓶葡萄酒喝起来大概是什么味道的。于是，对欧洲以外的葡萄酒"新世界"来说，与消费者的沟通变得更简单了。对消费者来说，买酒也变得更加简单了，他们不再需要记住一整本的葡萄酒地图，而只需要掌握一些葡萄品种的名字。

接下来我将列出最有名的葡萄品种。20 世纪 90 年代中期，似乎全世界的葡萄园都转向了这些葡萄品种。但后来的新潮流又转向了更晦涩、更不起眼的本地品种，有时叫作"遗产品种"。2012 年，我和另外两位作者乔斯·武亚莫（José Vouillamoz）和朱莉娅·哈丁（Julia Harding）一起，出版了一本记录市场上流通的所有葡萄酒所对应的葡萄品种的书，书名叫作《酿酒葡萄品种：1368 种葡萄品种起源和风味的完全指南》（*Wine Grapes: A Complete Guide to 1368 Vine Varieties Including Their Origins and Flavours*）。

常见的葡萄品种

常见的白葡萄品种

霞多丽（Chardonnay）

霞多丽是世界上种植最多的葡萄品种，只要是酿酒的地方都会种它。但它的家乡是勃艮第，它也是酿造勃艮第白葡萄酒的葡萄品种。霞多丽容易种植、酿造，是可以有多种呈现形式的葡萄品种之一。它可以是香槟地区的浅色葡萄，也可以酿造世界上最贵的干型白葡萄酒蒙哈榭（Le Montrachet）等，还可以酿造在每个价格区间展现不同风味的重酒体白葡萄酒。一些便宜的霞多丽会被认为"过分地香"，是因为它与橡木桶亲和力强，会有轻微的烤面包味，甚至有些甜腻。

品酒练习
Every Class
in a Glass

对比南半球的霞多丽（一般会在橡木桶中陈酿或加橡木条，以添加橡木香气）与勃艮第最北部的基本款夏布利（一般无橡木味）。注意体会橡木带来的轻微甜度、烤面包味。注意感受前者的重酒体，与水如何不同。注意夏布利的高酸度，虽然在更热的产区，酿酒时会加酸，以弥补成熟葡萄中缺少的天然酸度。

长相思（Sauvignon Blanc）

这是卢瓦尔河谷的白葡萄酒，如桑赛尔、普伊 - 富美，在酿造时的主要葡萄品种，也是新西兰葡萄酒业的基石。它变得越来越流行，甚至有赶超霞多丽的趋势。霞多丽可能因特点广泛而显得面目模糊，长相思却是鲜明的、尖酸的、热情洋溢的，像一把剑以直接的方式刺激感官。

典型的新西兰长相思闻起来有种尖锐的植物味道，如绿叶、荨麻、青草等，随着陈年，还会有罐头芦笋

味。卢瓦尔上游河段的长相思却让人更多地联想到矿
物质而非植物，如石头、湿粉笔灰、擦燃的火柴等。
一般来说，法国的长相思比其他国家的更干，新西兰
的则有些微甜。具有穿透力的香气是长相思最强的外
衣，但当葡萄变得太熟时，就会失去这种标志性的味
道，所以最好的酒来自那些不太热的地区。

品酒练习
Every Class
in a Glass

比较新西兰马尔堡（Marlborough）的长
相思（尽可能年轻）与桑赛尔（Sancerre）
或都兰（Touraine）的长相思。注意香气、
甜度的差别（新西兰的长相思明显更甜）。
两种酒都会有相对高的酸度，因为两者都离赤道比较远，
夏天不太热。

▎雷司令（Riesling）

雷司令是许多专业人士喜欢，但许多消费者不喜
欢的有趣葡萄品种之一。我们之所以喜欢雷司令远远
多于长相思，是因为雷司令可以在数年甚至数十年间

在瓶中一直进化和提升。长寿是葡萄酒的一个质量标志。我们喜欢雷司令的另一个原因是，它有各种各样的香气，酒精度也不会很高。跟长相思和绝大部分霞多丽很不一样的是，雷司令随着产地不同，酒也会有很多样化的呈现。它通常闻起来有花香的味道，但种植于德国摩泽尔谷灰板岩或蓝板岩的雷司令却有让人神经紧绷的能量。而在数公里开外下游的红板岩生长的雷司令则更饱满、更有辛辣香气，虽然它们都具备雷司令这个高贵品种的基本特征和框架。

不同于霞多丽或灰皮诺，雷司令的问题在于，它有很多味道，对一些品酒师来说，它的味道多到难以驾驭。另外一个问题是，有相当比例的雷司令有些甜。在今天的葡萄酒文化中，甜度是不被推崇的。雷司令没有霞多丽和长相思种植广泛，但它不仅是德国的特色葡萄品种，也是阿尔萨斯、奥地利和澳大利亚（特别是在克莱尔谷和伊顿谷）这三个 "A" 字开头的地方的特色品种。

品酒练习
Every Class
in a Glass

对比来自摩泽尔的雷司令（8%～10% 的酒精度），与来自澳大利亚的雷司令（接近 13% 的酒精度）。澳大利亚款肯定是比较干的了，但看看你能否感受到德国款的甜度和轻酒体。酒精度越低，葡萄里未经发酵的自然糖分就越多地留在葡萄酒中。

灰皮诺（Pinot Gris/Grigio）

灰皮诺通常是白葡萄酒，是黑皮诺的"灰"色变异，用法语词"Gris"和意大利语词"Grigio"表示。它有粉红色的果皮，颜色不足以酿成红葡萄酒，但如果酿酒师让果汁与果皮接触时间长一些，也能酿成浅粉色的葡萄酒。最好的典型例子是来自阿尔萨斯和意大利弗留利的灰皮诺（Pinot Gris），它有迷人的香气和酒体，这是与黑皮诺相似的特征。但绝大多数基本款的灰皮诺（Pinot Grigio）几乎没有什么香气，其原因可能是因为灰皮诺正变得流行，产量激增，混酿时可能合法地加入了不到 15% 的廉价、中性的葡萄品种，如特雷比奥罗（Trebbiano）。

浅绿色果皮的变异品种更接近白色，而不是灰色，所以叫作白皮诺。它酿成的酒很像臃肿、略简单的霞多丽，或是没有香气的灰皮诺。这类酒中最好的代表来自德语国家。

品酒练习
Every Class
in a Glass

对比阿尔萨斯的灰皮诺（Pinot Gris）与便宜的超市灰皮诺（Pinot Grigio）。看看你能否辨别出它们的共同特点。阿尔萨斯的灰皮诺有更多香气，酒体更重。

常见的红葡萄品种

▎赤霞珠（Cabernet Sauvignon）

赤霞珠被认为是用来酿造可陈年红葡萄酒的"黄金标准"葡萄品种。作为基本的葡萄品种，它成就了最著名的波尔多红葡萄酒，如位于吉伦特河左岸梅多克的拉菲、拉图。

赤霞珠葡萄小，果皮厚，且呈蓝色。所以由它酿成的酒在年轻时，单宁高，颜色深。这一葡萄品种需要较长时间才能成熟，如果在较冷的地方种植，基本上就是在浪费时间。甚至在波尔多的部分地区会种植更早成熟的、常与赤霞珠混酿的品种：梅洛和品丽珠。品丽珠比赤霞珠酒体稍轻，有更多的草本植物感。

在波尔多，赤霞珠葡萄更涩更瘦，常挨着更早成熟、更多肉的梅洛种植，以作为赤霞珠在授粉不良或糟糕的年份中不够成熟的调配伴侣。但在另一个著名的赤霞珠产区纳帕谷，因为天气足够暖，能生产出足够丰盛的赤霞珠，所以与其他品种混酿只是一种额外的选择。因为与世界上最经典的葡萄酒相关，赤霞珠在各地都有种植，只是成熟的程度不同。它标志性的黑醋栗和雪松风味极有辨识度，甚至在一些意大利葡萄酒中只混了一点赤霞珠（有时是非法的），也能被识别出来。

品酒练习
Every Class
in a Glass

比较来自梅多克或格拉夫的酒标上有"Château"（酒庄）字样的赤霞珠，低于20～30英镑即可，与来自智利的、差不多价格和年份的赤霞珠。注意感受智利的酒喝起来是否更熟、更甜，因为智利的阳光充沛。两种酒都很有可能在橡木桶中陈酿过，但现在酿酒师会有意避免过度的橡木桶影响。

梅洛（Merlot）

在法国西南部，与赤霞珠、品丽珠一样，梅洛也是葡萄大家庭中的一员。但不同的是，梅洛更柔和，果香更明显。

梅洛葡萄成熟得比较早，所以能在较冷的地区种植，如吉伦特河右岸的圣埃美隆（St-Émilion）和波美侯。与赤霞珠相比，它很容易成熟，所以种植得更广，特别是在波尔多产区。梅洛酿成的葡萄酒天生较甜，有李子味，比以赤霞珠为主的酒更柔和、更早达到适饮状态。

梅洛的重要功能之一是在赤霞珠的骨架上添加肉感。当然，世界各地酿造的梅洛各有风味。

品酒练习
Every Class
in a Glass

比较上面赤霞珠品酒练习中的来自梅多克或格拉夫小酒庄的赤霞珠，与同等价位的、产区标为波尔多的梅洛。注意感受后者的酒体更轻、更柔和、更饱满。

▌黑皮诺（Pinot Noir）

这种勃艮第红葡萄品种是目前葡萄酒世界的宠儿。赤霞珠很可靠、稳定，黑皮诺则变化多端。好的黑皮诺会很美味，但它娇弱，比赤霞珠酒体轻得多。黑皮诺葡萄的果皮很薄，所以易腐烂或感染疾病，酿成的酒颜色相对较浅，单宁少，不耐嚼。黑皮诺喝起来果香足，有时有点甜，香味也多种多样：覆盆子、樱桃、紫罗兰、蘑菇、秋天的灌木丛……

因为黑皮诺相对比较难酿造，所以引起了世界各地酿酒师和消费者的兴趣。因为它成熟得早，需要相对凉爽的气候，所以在葡萄生长季节可以有较长的时间让它发展出比较有趣的味道。

勃艮第是黑皮诺的诞生地，但它却是香槟地区、阿尔萨斯、德国、新西兰和俄勒冈地区最重要的红葡萄品种。如今，在加利福尼亚州最冷的地方、智利、澳大利亚等地也酿出了一些有趣的黑皮诺。从加拿大到南非，雄心勃勃的黑皮诺爱好者们正在推动着它不断进步。

品酒练习
Every Class
in a Glass

勃艮第红葡萄酒的产量太小，价格不可能便宜。对比勃艮第红葡萄酒与一瓶非法国产的黑皮诺，应该能产生类似于长相思那一节品酒练习中的感受。也许从长远来看，更让你有品酒收获的是：比较一瓶价格更便宜、更易买到的勃艮第红葡萄酒，比如酒标上写的是"Bourgogne"（"勃艮第"的法语），和一瓶高质量的、用佳美葡萄品种酿造的薄若莱。注意体会：与黑皮诺相比，佳美的酸度更高，单宁更低，还有更明显、更开放的果香和果汁感。因为佳美通常比黑皮诺更早达到适饮状态。

▋ 西拉（Syrah/Shiraz）

"Shiraz"是澳大利亚对西拉的称呼，在它的家乡北罗讷河谷叫作"Syrah"，其中最著名的酒来自埃米塔日（Hermitage）和罗第丘（Côte Rôtie）。今天，西拉更多地种植在澳大利亚，而非北罗讷河谷。

在温度比较高的地区，比如巴罗萨谷和麦克拉伦谷（McLaren Vale），这里的西拉口感丰富、重口味、甜度高，还有巧克力和药的味道。北罗讷河谷的风格则不同，即使是埃米塔日的西拉，仍旧浓稠、偏干，有黑胡椒和皮革的味道，即初味相对内敛。

今天在新世界，甚至澳大利亚，葡萄酒生产商都在试图效仿罗第丘，连名字也开始改叫"Syrah"，而不是"Shiraz"。即便美国生产者一向偏好"Syrah"这个名字，但他们生产的酒的风格却介于两者之间。自20 世纪 90 年代以来，西拉渐渐成为世界各地葡萄园流行种植的品种，特别是在南非和朗格多克。

品酒练习
Every Class
in a Glass

比较一瓶酒标上写着"Shiraz"的澳大利亚酒，与一瓶标着"Syrah"的澳大利亚或者南非酒。注意体会后者是否更细致一些。

丹魄（Tempranillo）

烟草叶味道的丹魄是西班牙最被认可的红葡萄品种，是里奥哈、杜埃罗河岸，以及许多西班牙红葡萄酒的主要品种。因为西班牙的降雨量低，并且直到现在仍然几乎没有什么灌溉措施，所以那里一直以来的传统是葡萄藤种植得比较稀疏。这也解释了为什么丹魄以及西班牙被称为"苦力活的主力"的白葡萄品种阿依伦（Airén），占据了世界上种植面积最广的葡萄品种名单的前列。

不止于此，西班牙的葡萄种植者狂热地种植葡萄，而丹魄则是他们最常选择的品种之一。直到最近，他们仍然更看重丹魄的价值，远高于他们本地的歌海娜。歌海娜比丹魄更偏果味，酒体更轻，所以它的重要性总被忽视。在葡萄牙，丹魄被称为罗丽红（Tinta Roriz）或阿拉哥斯（Aragonez）。除西班牙外，葡萄牙是另一个相对比较看重丹魄的国家。

品酒练习
Every Class
in a Glass

比较"现代里奥哈"，如阿塔迪酒庄（Artadi）、康塔多酒（Contador）、阿连德酒庄（Finca Allende）或者罗达（Roda），与"传统里奥哈"，如喜悦酒庄（CVNE）、橡树河畔（La Rioja Alta）、洛佩兹雷迪亚酒庄（López de Heredia）或慕佳酒庄（Muga）。它们会让你体会到丹魄喝起来是什么感觉，也会让你体会到两组的不同：前者在年轻的橡木桶，通常是法国橡木桶中，陈酿的时间比较短，后者则是里奥哈地区的传统风格，在旧的美国橡木桶中陈酿时间比较长。

▎内比奥罗（Nebbiolo）

内比奥罗可以被称作意大利的黑皮诺，除了其家乡意大利西北部的皮埃蒙特，它在其他地方的种植难度令人抓狂。内比奥罗有焦油、熏木和玫瑰的醉人芬芳，以及少见的组合特征：酒液颜色浅，但有显著的单宁。

最好的内比奥罗葡萄，在巴罗洛和巴巴莱斯克，它可以酿出非常出色的可供长期陈年的酒。但这个葡萄品种成熟得非常晚，需要在葡萄园最适宜的位置种植。

皮埃蒙特地区的某些土地对内比奥罗来说不是那么适宜，这些地区会种植有活力的、酸樱桃感觉的巴贝拉，以及更柔和、比较早成熟的多赛托。这两个葡萄品种都是本地特色品种。

品酒练习
Every Class
in a Glass

选择一些价格不贵的、容易买到的内比奥罗，如达尔巴内比奥罗（Nebbiolo d'Alba）（一种性情更温和的内比奥罗葡萄）或者朗格内比奥罗（Langhe Nebbiolo），你自己心里祈祷吧，别太爱上这个品种！因为装满巴罗洛的酒窖，会花掉你很多钱！

桑娇维塞（Sangiovese）

这个意大利中部的葡萄品种比内比奥罗种植得要广泛得多。极低档的桑娇维塞也有不少，但如果严选植株，控制产额，能酿出堪称托斯卡纳精髓的葡萄酒。蒙达奇诺布鲁奈罗（Brunello di Montalcino）来自温暖的托斯卡纳南部，是最有雄心的可陈年的酒。经典基安蒂，来自托斯卡纳中部气候比较凉爽的山区，风格可以更精良。这些酒通常带有一种明显的，但并不令人讨厌的农业味。

品酒练习
Every Class
in a Glass

找一瓶价格便宜的桑娇维塞，比如来自罗马涅（Romagna）的，与一瓶用质量好的桑娇维塞酿成的经典基安蒂，"经典"（Classico）意味着酒来自基安蒂的核心地区，与之形成对比的是酒标上只有"基安蒂"（Chianti）的酒。两者都会有明显的酸度和强烈的味道，但注意体会经典基安蒂是否更浓缩、更集中，无论是颜色还是香气的深度。桑娇维塞不那么伶俐、世故，反而有一定的"村气"，但有时也是迷人的。想想托斯卡纳的山吧。

Master Tip

10 大种植面积最广的葡萄品种

最新可靠的全球统计数据发布于 2010 年，该数据的依据是葡萄园的种植面积，而非葡萄藤的确切数量。

1. 赤霞珠

2. 梅洛

3. 阿依伦

4. 丹魄

5. 霞多丽

6. 西拉

7. 歌海娜

8. 长相思

9. 特雷比奥罗

10. 黑皮诺

THE 24 - HOUR
WINE EXPERT

12

记住这些葡萄酒产区

经典产区

　　这本书是为了用葡萄酒的基本知识将你武装起来。当然，葡萄酒还有很多东西值得去探索，你可以完全自由地、更细致地去探索葡萄酒的美妙世界。

　　你可以多读书，上网搜寻资料，或者造访这些壮丽的产区，它们也常常是度假的绝佳去处。

　　以下部分内容只是世界上主要产区的简缩版。各产区主要的红、白葡萄品种中，根据最新可靠的葡萄园的共识，以产区的重要程度降序排列。

法国

　　哪个国家是世界上生产葡萄酒最多的国家？法国

与意大利一直处于胶着竞争的状态。法国是系统地按地理命名葡萄酒这一方式的起始地，这一系统基于产地（appellation），在法国具体表述为 Appellation d'Origine Contrôlée，或者叫作 AOC。其中有个小问题是，欧盟正在修改其质量命名系统，有些标签现在是 AOP（P 指的是 Protegée）。但情况也在发生变化。打破传统观念的新一代，故意在出售他们的酒时不提示任何地理信息，只写"法国葡萄酒"（Vin de France）。其中，以尽量少添加为特色的自然酒正在逐渐增加。

▌波尔多（Bordeaux）

红：梅洛、赤霞珠、品丽珠

白：长相思、赛美蓉

波尔多西南地区的独立生产商统称为酒庄（Châteaux，法语中"城堡"的意思），哪怕葡萄酒是在简易棚中酿造的。波尔多有一些世界上最昂贵的酒，比如著名的一级园。这种分类可追溯至 1855 年，仿照足球赛将著名酒庄分为 5 级。这些酒在世界各地被当成投资品来交易，价格也因为投机商人而不断上涨。但事实上，波尔多地区很大，更多的其实是本分的农民（小酒庄）。他们的生活眼下比较艰难，因为他们生产葡萄酒的成本，并不比那些按等级划分的酒庄低多少，但酒的价格却相对较低。结果就是，波尔多可能会产出世界上性价比最差和最好的酒。

吉伦特河的左岸是波尔多城所在地，这里的梅多克和格拉夫地区的酒比较干，可以陈年很久，以赤霞珠为主。右岸的圣埃美隆、波美侯以及两河汇入吉伦特河的两海之间（"Entre-Deux-Mers"）区域，葡萄酒果香更多，以梅洛为主。

法国西南部的其他葡萄园，如多尔多涅（Dordogne）、贝杰哈克（Bergerac）和卡奥尔（Cahors），种植大波尔多家族的其他葡萄品种。

▌勃艮第（Burgundy）

红：黑皮诺

白：霞多丽

在勃艮第东部地区，独立种植葡萄并酿酒的酒庄，叫作葡萄园（Domaines）。这个叫法与酒商（Negociants/Merchants）相区分，酒商从别人那里买葡萄来酿酒。

朝东的石灰岩金丘（Côte d'Or）有最著名的勃艮第葡萄园，但产量不到波尔多的 1/10。这里超过 2/3 的酒是红葡萄酒，小小的葡萄园拼缀分布，每个都有自己的名字和级别。它们自中世纪以来就已初具规模，在顶端有 20 余个特级园，接着是一级园，然后是村庄级。中间还有一些有名字的葡萄园，叫作"略地"（lieux-dits，意为地块）[1]，等级低于一级园。在最底端的是勃艮第产区，这里的酒酒标上有"Bourgogne"

---

① 这些小块土地的名字通常象征着地质特征或历史人文。——译者注

（"勃艮第"的法语）字样。在勃艮第，还能碰到一些少见的顶级园生产的大产区酒。

许多村庄都把他们最著名的葡萄园附在村庄名后面，比如热夫雷自豪于它的香贝丹葡萄园，香波（Chambolle）有着无与伦比的慕西尼葡萄园（Musigny）。金丘北半部分的夜丘（Côte de Nuits）几乎全都用来生产红葡萄酒。

同样的命名系统，也适用于勃艮第白葡萄酒，最著名的白葡萄酒村庄普里尼 - 蒙哈榭、夏山 - 蒙哈榭以及默尔索，都集中在金丘南半部分和伯恩丘的南部。这些白葡萄酒都不便宜，都在橡木桶中陈酿过。只是，最近出现了一些令人担心的神秘问题，有些葡萄酒开始变成褐色，并且过早成熟，失去了果香。

大勃艮第地区的最北部是夏布利，这里用霞多丽酿造的葡萄酒通常酸度高且没有橡木味。最优质的酒款可以边陈年边享用。

▎薄若莱 / 马贡（Beaujolais/Mâconnais）

红：佳美

白：霞多丽

金丘南部与夏隆内丘（Côte Chalonnaise）南端是两个相邻的产区。这里的霞多丽主要来自马贡，比北部的霞多丽要便宜得多，也没那么庄重，更有果香，更早成熟，但还是能识别出它们的相关性。

这里的红葡萄酒与北部勃艮第的红葡萄酒品种差别很大，主要是用佳美酿造的清新风格的酒。这种酒有时可以在比喝普通红葡萄酒更低的温度下饮用（冰一下再喝也没有什么不妥），并且一般会在酒年轻时喝掉。

最优质的酒款来自薄若莱特级村庄的酒，按酒体、陈年能力的递增顺序排列是：雷妮（Regnié）、希露薄（Chiroubles）、谢纳（Chénas）、圣 - 阿穆尔、福乐里、布鲁依（Brouilly）、布鲁依丘（Côtes de Brouilly）、朱丽娜（Juliénas）、墨贡（Morgon）、风磨坊。它们酒标上很少出现薄若莱（Beaujolais）字样。

▎香槟（Champagne）

红：莫尼耶皮诺（Pinot Meunier）、黑皮诺

白：霞多丽

只有在巴黎东部迪士尼乐园旁边的这个叫作"香槟"的地方产出的起泡酒，才可以叫作香槟，其他的都只是起泡酒。

几乎所有的香槟都是白色的，因为葡萄在压榨时要尽可能地轻柔，以避免色素留在酒中。当然，现在有一种数量越来越多的香槟酒，即在酒中加入一些静止红葡萄酒，使其变成粉红色。

大部分香槟是不同年份酒的混合（通常有一个主导年份），出售时称为无年份酒（NV: Non-Vintage）。

比较少的是单一年份的酒，称为年份香槟。还有一些是名品香槟，比如水晶香槟、唐·培里侬香槟，用来吸引在意展现身份和地位的买家。

▌北罗讷河谷（Northern Rhône）

红：西拉

白：维欧尼、玛珊（Marsanne）、胡珊（Roussanne）

罗第丘陡坡上的红葡萄酒，与往南 1 小时车程的面积相对比较小的埃米塔日山的葡萄酒，形成了鲜明的对比。后者更稠密、带有更紧实的单宁。

圣约瑟夫（St-Joseph）、克罗兹 - 埃米塔日（Crozes-Hermitage）和科尔纳斯（Cornas）的酒，价格相对更能让消费者接受。前两者和埃米塔日也酿造白葡萄酒。最著名的北罗讷河白葡萄酒来自孔得里约，用罗第丘南部陡坡上的芳香葡萄品种维欧尼酿成。产量很小，但很本土，并且有历史感。

▌南罗讷河谷（Southern Rhône）

红：歌海娜、西拉

白：白歌海娜、维蒙蒂诺

这是一片广阔的葡萄酒产区，生产的 AOC 葡萄酒几乎与波尔多一样多。最低等级的罗讷河谷（Côtes-du-Rhône）和等级稍高的村庄级（Côtes-du-Rhône Villages）占绝大多数。最著名的产区是教皇新堡，这里的酒是本地葡萄品种的优秀混酿。慕合怀特是混酿时辅助组中最重要的品种，现在正在变得越来越流行。

虽然绝大部分南罗讷河谷的酒是红葡萄酒，但也有一些炙手可热的来自塔维勒地区（Tavel）的桃红葡萄酒，并且大部分产区也都生产白葡萄酒。吉恭达斯（Gigondas）是例外，它只生产红葡萄酒，口感几乎与教皇新堡一样强劲、辛辣。

▌卢瓦尔河谷（Loire）

红：品丽珠、佳美

白：勃艮第香瓜、白诗南、长相思

长长的卢瓦尔河连接了 4 个不同的葡萄酒产区，以及许多沿途的小产区。这里所产的酒，都相对带有清爽的高酸度，酒体轻。

上游是中央卢瓦尔谷的桑赛尔和普伊 - 富美（Pouilly-Fumé），生产法国版原型的长相思，以及一些轻酒体的红葡萄酒、粉红的黑皮诺。

下游向西弯曲处是围绕着历史古城图尔（Tours）的都兰产区，这里有各种或干或甜的白葡萄酒，由武弗雷和蒙路易（Montlouis）的白诗南酿成。还有一些活泼的、有时具有高酸度和明显单宁的、以品丽珠为主的红葡萄酒，如希农和布尔格伊。

卢瓦尔河再往下是索米尔产区（Saumur）和安茹产区（Anjou），分别围绕着索米尔城、昂热城（Angers）。在这里，品丽珠和白诗南是主要的葡萄品种，但也生产一些以佳美为主的轻酒体红葡萄酒，以及一些由本地葡萄品种酿的酒。

卢瓦尔河口处是面积广大，但近来因不时兴而走下坡路的慕斯卡德产区。这里的酒由勃艮第香瓜酿成，其中最好的酒会有一些咸度。慕斯卡德酒和生蚝是经典搭配。

▎阿尔萨斯（Alsace）

红：黑皮诺

白：雷司令、琼瑶浆、白皮诺、灰皮诺

阿尔萨斯在法国东北部边境，曾经是德国的领土，所以这里的葡萄酒也像德国酒一样，很长时间以来酒标上标的是葡萄品种，这非常不"法国"。但今天的潮流是，在酒标上写"白""（偏）干""无橡木影响""纯""香"，再加上葡萄园名，尤其是 50 多个特级园。一些酒庄甚至拒绝标出任何葡萄品种，而希望传递出更多的地方风土精华。在我看来，绝大多数阿尔萨斯白葡萄酒都有点烟熏香味。至于阿尔萨斯的黑皮诺红葡萄酒，一直都在进步。

▌朗格多克 - 鲁西荣（Languedoc-Roussillon）

红：西拉、歌海娜、佳丽酿（Carignan）、梅洛、赤霞珠、神索

白：霞多丽、长相思、麝香、白歌海娜

这片产区很大，各种葡萄品种（主要是深色品种）从西班牙边境蔓延到南罗讷河谷。在以佩皮尼昂（Perpignan）为省会的鲁西荣，以前主要生产大量的廉价酒，以及强劲的甜麝香酒、歌海娜。但从 20 世纪后期起，这里开始革新。依靠欧盟的补贴，一些没有发

展前途的葡萄园，特别是肥沃平原上的那些，葡萄树都被连根拔起了。同时，大的生产商开始大规模种植易种好卖的便宜品种（梅洛和霞多丽），并且常以餐酒级别（Pays d'Oc）销售。

但在山区中出现了几百家小规模的酒庄，酒酿得越来越好，但常常被低估了价格。它们在酒标上标注产区，从西到东依次是：菲图（Fitou）、科比埃（Corbieres）、米内瓦（Minervois）、佛格莱尔（Faugères）、圣芝尼安（St Chinian），以及朗格多克大区。这些小酒庄的酒绝大部分是混酿的，主要是西拉、歌海娜、佳丽酿，再加上神索、慕合怀特这样的葡萄品种调剂，这样混合能充分地表达本地风味。

这里的白葡萄酒酒体曾经有点重，有时还有明显的橡木味，但现在不难发现一些令人兴奋的白葡萄酒，特别是生长在鲁西荣海拔较高区域的老藤。这些葡萄酒酒标上可能会有凯特兰斯（Côtes Catalanes）的字样。

在比利牛斯山脚下，利慕生产一些非常值得一尝的起泡酒。

班努斯（Banyuls）在西班牙北部海岸，生产法国版的波特酒，非加强酒的版本叫作科利乌尔（Collioure）。

▌汝拉（Jura）

红：普萨（Poulsard）、黑皮诺、特卢梭（Trousseau）

白：霞多丽、萨瓦涅（Savagnin）

这个地处勃艮第与阿尔卑斯山之间的地区，以布雷斯鸡、科门特奶酪和黄酒著称。

汝拉黄酒是法国版的干型雪莉酒，非常与众不同，眼下也变得越来越流行。它的酒精度中等，白葡萄酒比较浓烈，非常提神。

意大利

意大利比其他国家拥有更多的本地葡萄品种，生产的葡萄酒也比法国多。

意大利虽然没有法国那种生产精品酒的悠久传统，但它却拥有更加丰富多彩、令人兴奋的香味和风格选择，这方面可以补缺。每个产区都有自己的个性和葡萄品种。而酒的名字，你能想到多随意就有多随意。

对应法国 AOC 的，是意大利版本的 DOC（法定产区葡萄酒，Denominazione di Origine Controllata），但在上面还有一层，即 DOCG（原地名控制保证葡萄酒，Denominazione di Origine Controllata e Garantita）。DOCG 比起前者不只有"控制"，还有"保证"。之后有段时间，这里产出了大量的酒，定价高，但标着 VDT（日常餐酒，Vino da Tavola），场面混乱。现在，许多葡萄酒只简单标上 IGT（地区餐酒，Indicazione Geografica Tipica），再加上产区名或更具体的来源地名称。

皮埃蒙特（Piemonte）

红：巴贝拉、多赛托、内比奥罗

白：麝香、柯蒂斯（Cortese）

内比奥罗生长在都灵南部朗格山（Langhe）上的两个明星产区，成就了意大利最受爱戴的酒：巴罗洛和巴巴莱斯克。最好的酒像勃艮第一样，能展现出单一葡萄园的风采。巴贝拉葡萄被大量种植并酿成酒，常有橡木味，并伴有苦樱桃味。多赛托（"小甜甜"）则可以呈现出年轻的皮埃蒙特风味。在被"绑架"到国际商业世界之前，这里也是轻酒体的莫斯卡托起泡酒阿斯蒂的起源地。

皮埃蒙特北部，奥斯塔谷（Aosta）的山脚下，生产一些轻逸的山区酒，这些令人兴奋的、用浅色内比奥罗酿成的红葡萄酒被称为加蒂纳拉（Gattinara）、盖梅（Ghemme）、莱索纳布卡（Lessona Boca）和布拉玛黛拉（Bramaterra）。此外，在接近瑞士边境南部的伦巴第大区（Lombardy）的瓦尔泰利纳（Valtellina），内比奥罗在阿尔卑斯朝南山脚的阳光照耀下成熟。

▍特伦蒂诺 - 上阿迪杰（Trentino-Alto Adige）

红：特洛迪歌（Teroldego）、勒格瑞（Lagrein）、黑皮诺

白：霞多丽、灰皮诺、白皮诺、长相思

特伦蒂诺是这个布满阳光的狭长山谷的南半部分，这个山谷是意大利与奥地利的主要交通枢纽。这里的许多葡萄园生产起泡酒的基酒，其中最好的那些叫作特伦托法定产区起泡酒（Trento DOC）。

特洛迪歌是本地的红葡萄品种。沿山谷往上是上

阿迪杰，在德语中叫作南蒂罗尔（south Tyrol），在这里德语像意大利语一样常见。清新的山区空气使这里的葡萄酒有美味、清爽的果香。这里的白葡萄酒多过红葡萄酒，一些世界最好的葡萄酒合作社也在这里。

弗留利（Friuli）

红：品丽珠、莱弗斯科（Refosco）

白：弗留利（Friulano）、灰皮诺、长相思、白皮诺、丽波拉（Ribolla Gialla）

弗留利是意大利第一个掌握香味清新的现代白葡萄酒生产方法的产区。直到现在，它仍能酿出清澈的白葡萄酒，并擅长有趣的混酿。科利奥（Collio）和东方科利奥（Collio Oriental）是最常见的 DOC。这里还诞生了一种酿造白葡萄酒的新潮流：发酵时葡萄与果皮接触，不在桶中陈酿，而是在一种叫作"amphorae"的"双耳陶罐"中陈酿。这一潮流已经穿过边境，流行到斯洛文尼亚最西边的巴尔达产区（Brda）。

▎威尼托（Veneto）

红：科维纳（Corvina）

白：卡尔卡耐卡（Garganega）

以威尼斯为首府的这个区域，传统上最著名的产区是瓦坡里切拉和苏瓦韦（Soave），但今天它最为世人所知的葡萄酒是取得巨大成功的普洛塞克。这种酒用一种曾经名为普洛塞克、后来更名为歌蕾拉（Glera）的葡萄，通过罐中二次发酵法酿成。这样，普洛塞克就可以注册成独有的地理标志标签，其他地方不得使用。

苏瓦韦产区的酒，质量一直参差不齐。同时，越来越多的深色葡萄较晚采摘，然后风干，以酿成强劲也更有利可图的阿玛罗瓦坡里切拉（Amarone Della Valpolicella）。

▎托斯卡纳（Tuscany）

红：桑娇维塞、赤霞珠

白：特雷比奥罗

和皮埃蒙特一样，托斯卡纳是意大利红葡萄酒的中心。佛罗伦萨南部松柏围绕的山坡处，用桑娇维塞酿出了海量的、浓烈的基安蒂。其中最好的酒来自中心区域内的独立酒庄，称为经典基安蒂。在意大利，经典指的是葡萄酒在扩增之前的起源地区酿制而成，扩增一般是出于商业考虑。

口感更集中、可在瓶中陈年更长时间的酒，称为蒙达奇诺布鲁奈罗，它来自更温暖的南部区域。布鲁奈罗是当地一种桑娇维塞葡萄的名字。高贵蒙特布查诺（Vino Nobile di Montepulciano）与之类似，但没有那么内敛。

在宝格利附近的托斯卡纳海岸，有一批雄心勃勃的酒庄，它们受到 20 世纪 70 年代出现的西施佳雅（Sassicaia）的启发，生产高质量的波尔多混酿。

绝大多数托斯卡纳的白葡萄酒比较普通，主要以特雷比奥罗为主。这种葡萄品种在法国被称为白玉霓（Ugni Blanc），主要用来被蒸馏制作白兰地。最令人兴奋的白葡萄酒是由风干的玛尔维萨（Malvasia）酿成的黄褐色、浓烈的甜酒，也叫作意大利"圣酒"（Vin Santo）。

紧邻托斯卡纳南部的内陆产区是翁布里亚，这里有非常有趣的干白奥维多（Orvieto），以及本地蒙特法尔科小镇（Montefalco）特有的、火热强壮的红葡萄品种萨格兰蒂诺（Sagrantino），但桑娇维塞仍是这里最常见的品种。

▍马尔凯（Marche）

红：桑娇维塞、蒙特布查诺（Montepulciano）

白：维蒂奇诺

亚得里亚海岸最有名的酒是用维蒂奇诺酿成的白葡萄酒。它能充分展现陈年的魅力，但总会带有一些柠檬味。罗索科内罗（Rosso Conero）和罗索皮切诺（Rosso Piceno）是本地的红葡萄酒品种。

卡帕尼亚（Campania）

红：艾格尼科（Aglianico）

白：菲亚诺（Fiano）、法兰娜、格雷克（Greco）

那不勒斯周围的葡萄园的历史至少可追溯到罗马时期，这里相对重酒体的葡萄酒对我来说有种古典的高贵感。白葡萄酒总有一些绿叶的风味，而红葡萄酒尤其是陶乐西产区（Taurasi）的酒，则显得更紧实、有李子味，并有些矿物感。无论红葡萄酒还是白葡萄酒，都可以有不错的陈年表现。

普利亚（Puglia）

红：黑曼罗（Negroamaro）、普里米蒂沃 / 仙粉黛、黑托雅（Nero di Troia）、黑玛尔维萨（Malvasia Nera）

白：白博比诺（Bombino Bianco）、玛墨兰（Minutolo）

数十年来，意大利地图上"靴子跟部"这块相对平坦、阳光充足的地区，一直大量种植重口、深色的红葡萄。它们一般运往意大利北部，与更有名的葡萄酒混酿。今天依然是这样，但在欧盟补贴后，这里的许多葡萄园被清掉，正在塑造更好的葡萄酒形象。这里的酒绝大多数是红葡萄酒，强劲有力，有时会有一些明显的甜度。白葡萄酒也很强劲，有时需要加酸处理，以变得更加清新。桃红葡萄酒则更成功。

撒丁岛（Sardinia）

红：卡诺娜（Cannonau）/ 歌海娜、佳丽酿

白：维蒙蒂诺

人们现在逐渐认识到这个干燥的岛屿有着巨大的潜力。它的芳香干型白葡萄酒维蒙蒂诺，现在已在世界各地复制、传播。撒丁岛南端的苏尔奇斯佳丽酿葡萄酒强劲有力、口感丰富、有一定的火药味，是我最爱的佳丽酿风格。

西西里岛（Sicily）

红：黑珍珠（Nero d'Avola）、奈莱洛（Nerello）

白：卡塔拉托（Catarratto）

西西里曾经与普利亚一样是"苦力活的主力"，生产大量的廉价酒，但这个历史上经常被征服的岛屿，现在是意大利最令人兴奋的葡萄酒产区之一。岛的西部主要种植相对简单的卡塔拉托，用以酿造马沙拉酒（Marsala），现在这种酒主要用于烹饪。黑珍珠是西西里岛西部的红葡萄品种，带有甜甜的樱桃果香。岛东部的红葡萄品种比较多样。埃特纳火山地区（Etna）

逐渐成为炙手可热的产区，生产清澈的、令人愉悦的葡萄酒。这种酒以马斯卡斯奈莱洛葡萄品种（Nerello Mascalese）为主，偶尔也用修士奈莱洛葡萄（Nerello Cappuccio）。

此外，意大利还有许多历史久远的小产区。

西班牙

西班牙比其他国家给葡萄园贡献了更多的土地。一部分原因是西班牙降雨量很低，灌溉系统不力，葡萄藤种植的间隔大。相比之下，法国和意大利的产酒量要高得多。除了一些常见葡萄品种如博巴尔（Bobal）、歌海娜、丹魄等，马德里南部的炎热平原拉曼恰产区（La Mancha）种植了大量阿依伦。这是一种中性的白葡萄，用以酿造西班牙白兰地的基酒，所以品种名称很少出现在酒标上。

与法国的 AOC 相对应，西班牙的分级制度是 DO

（Denominación de Origen）。在过去的数十年间，绝大多数欧洲葡萄酒地图很少发生变化，但西班牙一直在源源不断地出现新 DO 产区，不是新葡萄园，而是已有的葡萄园在升级。有大量的小 DO 产区，我没有列在下面，它们从北海岸巴斯克区（Basque）的轻型起泡酒查科丽那（Txakolina）开始，穿过纳瓦拉（Navarra）到达比利牛斯山脚下的索蒙塔诺（Somontano），再到地中海海岸中部的许多传统产区，犹如一条斑斓的红葡萄酒之路，甚至到远离西班牙大陆的南部加那利群岛（Canary），也生产着迷人的葡萄酒。

▌加利西亚和比埃尔索产区（Galicia and Bierzo）

红：歌海娜、门西亚（Mencía）

白：阿尔巴利诺、格德约

这里位于西班牙西北部，这片雨量充足的"绿色西班牙"已成为西班牙最流行的、清新风格的、具有优质酸度的葡萄酒的源头。下海湾地区（Rías Baixas）是西海岸类似于峡湾的舌状海湾，一个个深入内陆。这里的土壤富含花岗岩，常用"棚架法"把葡萄藤架起来，酿成的干型白葡萄酒带有海洋的味道。这种酒主要由阿尔巴利诺葡萄酿成，有点类似于邻近的葡萄牙米尼奥河（Miño/Minho）的绿酒。

河岸地区（Ribeiro）和瓦尔德奥拉斯（Valdeorras）也生产精品干型白葡萄酒，萨克拉河岸（Ribeira Sacra）的陡峭山谷，则生产不同寻常的清新红葡萄酒。虽然比埃尔索在里昂边界的对面，但这里的葡萄酒风格受到了不同寻常的板岩土壤、本地葡萄品种、凉爽的大西洋气候的影响。果香浓郁、风格清新的门西亚是比埃尔索给葡萄酒界的礼物。

里奥哈（Rioja）

红：丹魄、歌海娜

白：维奥娜（Viura）/ 马家婆（Macabeo）

里奥哈是西班牙具有历史感的精品葡萄酒产区，19 世纪后期曾迅速兴盛起来。当时波尔多的酒庄普遍遭受着欧洲盛行的葡萄根瘤蚜病的侵害，于是种植农们跨越比利牛斯山，寻找到了这个替代的葡萄酒源地。葡萄根瘤芽病是一种美洲原生的，随附在植物标本上不知不觉横跨大西洋而来的病害。

传统的里奥哈是本地小农场主种植葡萄，然后自己酿造葡萄酒，再之后，葡萄酒庄或酒窖会买进这些葡萄酒，并将其混合，然后在美国橡木桶中陈酿多年。这使得绝大多数里奥哈的酒呈浅红色、有甜味，并且有美国橡木桶的香草气息。它是市场上能买到的可陈年时间最长的葡萄酒之一。传统的里奥哈葡萄酒一直是在橡木桶中陈酿多年后再出售。其中顶级珍藏(Gran Reserva)是最内敛的，陈酿时间也最长，至少有 5 年。珍藏（Reservas）再低一级，然后是陈酿（Crianza）。浅龄酒（Joven）则是年轻的、充满果香的酒。

但最近出现了一些其他风格的里奥哈。酒庄自行酿酒，生产出多种多样、风格迥异的酒款。比如，在法国桶中短时间陈酿，可以酿成口感更集中、暗色的年轻红葡萄酒。越来越多的酒庄希望显示出他们的葡萄酒是来自单一酒庄甚至单一葡萄园的里奥哈产区酒。

丹魄是西部区域受大西洋气候影响的两个子产区阿尔塔里奥哈（Rioja Alta）和阿拉瓦里奥哈（Rioja Alavesa）的主要葡萄品种。更具果汁感、更甜的歌海娜是低海拔、受地中海气候影响的下里奥哈产区的主要葡萄品种。这里大约 1/7 的葡萄是浅色的白葡萄品种，酿成的酒从清脆酸度风格，到可陈年的、有橡木影响的精品风格都有。

杜埃罗河岸（Ribera del Duero）、卢埃达（Rueda）和托罗（Toro）

红：丹魄

白：弗德乔（Verdejo）

杜埃罗河（Duero）连接着三个产区，它朝西流经一片高原，随后进入葡萄牙境内，流入杜罗河产区。从 20 世纪 80 年代开始，特别是在 90 年代，受 20 世纪的葡萄酒超级明星平古斯（Pingus）价格的鼓舞，狂热的投资使得这个产区现在有超过 200 个酒庄，但大多数酒庄并没有太多的葡萄藤，只有带着"投机"色彩的建筑。

虽然这里的酒也以丹魄品种为主，在小橡木桶中陈酿，但它喝起来与里奥哈很不一样。杜埃罗河岸的酒颜色更深，口味更精细，可能是因为海拔高和夜晚温度较低，保存了葡萄的新鲜度。其中一部分酒的橡木桶味也许太多了。

丹魄在这里的别名是红多罗（Tinta de Toro），它是托罗地区的主要葡萄品种。托罗在杜埃罗河岸的下游地区，气温更温暖，葡萄酒更成熟、酒精度更高、酒体更丰满。在杜埃罗河岸和托罗之间的是卢埃达，当地的弗德乔葡萄，有时也有长相思，可酿成清脆酸度的干型白葡萄酒，这些酒在西班牙很受欢迎。此外，这里的海拔高度使酒喝起来很清新。

▎加泰罗尼亚（Catalunya）

红：歌海娜、赤霞珠、梅洛、丹魄、佳丽酿

白：马家婆、沙雷洛（Xarello）、帕雷利亚达（Parellada）

这片区域以巴塞罗那为中心，东北部是美食活跃区，生产各种各样的葡萄酒。其中最有名的是卡瓦起泡酒，主要但不限于在圣安杜里达诺雅（Sant Sadurni d'Anoya）的佩内德斯小镇（Penedès）酿制。卡瓦的酿造方法与香槟一样辛苦、费工。传统的卡瓦起泡酒用上面列出的三种白葡萄酿成，但现在也用酿造香槟的霞多丽和黑皮诺。这些酒的质量差异很大。但也有一些精品的加泰罗尼亚起泡酒，一些雄心勃勃的酒庄不愿意将其用卡瓦 DO 分级。普里奥拉托（Priorat）在

20 世纪 80 年代还默默无闻，现在已经成为这一产区
红葡萄酒超级明星的产地，以及一些强劲的白葡萄酒
的生产地。本地的土壤叫作 "Llicorella"，是一种深色
的板岩土壤，这里种植的歌海娜和卡利涅纳（Cariñena）
非常古老，产量低，酿成的酒口感集中，喝起来似乎
有种 "从温暖的岩石里不情愿地长出来" 的感觉。

隔壁的蒙桑特（Montsant）酿出来的酒风格类似，
但酒体更轻一些。

这个地区最有趣的酒来自海拔更高一些的高地内
陆，比如巴尔贝拉河谷（Conca de Barberá），以及塞
格雷河岸（Costers del Segre）更靠近内陆的地方。布
拉瓦（Costa Brava）的阿姆普丹（Emporda）出产的
酒，口感比较像边境对面的法国鲁西荣。

▍安达卢西亚（Andalucia）

白：帕洛米诺 - 菲诺、佩德罗 - 希梅内斯（Pedro
Ximénez）

虽然最近这里有人投资一些非加强酒，阳光海岸（Costa del Sol）附近山上尤其是荣达（Ronda）酿造麝香甜酒的传统也在复兴，但这个区域仍然是雪莉之乡。这里主要的雪莉重镇是赫雷斯（Jerez）①。在 20世纪 70 年代中期我开始写葡萄酒的时候，它几乎就是葡萄酒界的中心。但自此之后，雪莉酒的生意因过度生产、降价、形象问题而逐渐萎缩。这说起来令人感觉十分遗憾，因为好的雪莉酒堪称西班牙最有特色的酒。

雪莉酒用帕洛米诺 - 菲诺葡萄酿成，这种葡萄生长在赫雷斯附近及小港口圣卢卡（Sanlucar de Barrameda）的白垩土壤里。酒在旧桶里陈酿，传统上是放在通风的酒窖里，由大西洋的风进行降温，但现在通常放在普通的仓库里，用计算机控制温度和湿度。将中性的烈酒加入年轻的酒中，以实现"加强"的效

---

① Jerez 是英文雪莉（sherry）的词源，阿拉伯名为 Sherish。——译者注

果。在一层叫作"白色菌花"（flor）、看起来有点像面团的酵母薄膜之下，大部分酒可保持新鲜。

最细致的浅色雪莉酒，是曼沙尼拉（Manzanilla）和菲诺，前者是圣卢卡的特色，因为离海比较近，所以喝起来有一点咸。它们的酒精度都只有 15%，基本上和炎热气候产区的非加强酒的酒精度差不多。

阿蒙提亚多（Amontillado）基本上就是陈酿时间比较长的菲诺。深色雪莉酒，比如欧罗索（Oloroso），陈酿时没有"菌膜"，酒精度更高一些。奶油雪莉（Cream Sherry）用葡萄汁浓缩液增加甜度，但我们这些葡萄酒迷们比较欣赏干型雪莉，只因它们大多数的价格低得近乎荒唐。能欣赏干型雪莉，现在开始变成葡萄酒鉴赏家的标志。雪莉产区的东北部是更暖和的蒙的亚 - 莫利莱斯产区（Montilla-Moriles），生产类似的但更柔和的酒，其中最突出的酒却是牙科医生的噩梦：由本地佩德罗 - 希梅内斯葡萄酿成的酒，

非常地甜和黏。以前这个产区也给赫雷斯地区输送
甜酒。

美国

　　美国是世界第四大葡萄酒生产国。因为加利福
尼亚州生产 90% 的美国葡萄酒，所以它算是葡萄酒
界的一支超级力量。美国曾经实施的禁酒令使得在
美国卖酒变成了复杂的生意，派系限制一度削弱了
其活力。按照通常的设想，美国有如此多来自消费、
生产葡萄酒的国家的移民，应该比较快地接受葡萄
酒文化，但实际上美国拥抱葡萄酒文化的过程反而
相当缓慢。但是最近，因为千禧世代（millennials）[①]
对葡萄酒的热情，美国终于超过法国成为世界上最大
的葡萄酒市场。在美国，没有与法国相对应的 AOC
等级，但是有 AVAS（American Viticultural Areas，美

---

① 人口统计学家用千禧世代来描述出生于 1980 年到 2000 年的年
　 轻人。——译者注

国葡萄酒种植区域），这些官方划分的地理区域，有的面积广大，且多样化，如华盛顿州的哥伦比亚谷，足有 445 万公顷；有的很小，生产的酒风格更统一，如纳帕谷的鹿跃产区。

加利福尼亚州（California）

红：赤霞珠、仙粉黛、梅洛、黑皮诺

白：霞多丽、鸽笼白（Colombard）、长相思、灰皮诺

加利福尼亚州是葡萄酒界的一支重要力量。其中大量的葡萄生长在日晒充足的中央山谷，出售时笼统标以"加利福尼亚州"产地，以及一个著名品牌或酒庄名。嘉露酒庄（E&J Gallo）主导了这里的大部分产业，是世界上最大的葡萄酒商。嘉露酒庄的生意还涉及许多更高档的葡萄酒款。

以下按从北到南的顺序，列出了一些在加利福尼亚州比较有趣的产区：

门多西诺（Mendocino）

这里到处是民谣，以及有民间风格的酒。这里的
有机技术比其他地方要早得多。在安德森谷（Anderson
Valley）的松树森林里，有一些凉爽的葡萄园，生产优
雅的起泡酒、芳香型的雷司令和琼瑶浆。

索诺玛（Sonoma）

在纳帕郡的西北部，索诺玛郡以"非纳帕"的风
格为荣：不炫目、更朴素。在索诺玛产区西侧靠近太
平洋的地方，有一些非常酷的葡萄园，以"索诺玛海
岸"（Sonoma Coast）作为标注。这里以黑皮诺和霞多
丽为主，与在内陆相对更暖、酒体更饱满的俄罗斯河
谷（Russian River）一样。在暖和的北边内陆是干溪
谷（Dry Creek），因老藤仙粉黛而闻名，其中一些最
初是由意大利移民种植的。广阔的亚历山大谷则种植
着一些不错的赤霞珠。

纳帕（Napa）

纳帕谷在 20 世纪 70 年代早期仍是一片单纯的农耕区域，如今已成为世界上最耀眼的葡萄酒产区之一。自然美景、稳定的日照、来自附近旧金山湾规律的自然温度控制、从硅谷到南部的无穷资本、各路成功的美国商人热衷于将他们来之不易的财富投资到葡萄酒酿造中……得益于以上因素的强强联合，纳帕成为吸引游客的磁铁。

在周末，这里的交通堵塞严重，车辆移动缓慢，但风景、品酒项目和餐馆能弥补一些缺憾。离海湾越近，也就是越往南，气温越低，所以跨越纳帕和索诺玛交界线的卡内罗斯（Carneros）是最凉爽的地方，这里生产起泡酒、静止型的黑皮诺和霞多丽餐酒。往北是纳帕谷最著名的子产区：鹿跃酒窖（Stag's Leap）、奥克维尔（Oakville）、拉瑟福德（Rutherford）、圣海伦娜（St Helena）等。虽然它们是支撑纳帕谷之名的核心力量，并且将不同子产区的酒进行混酿是如此地常见，但在酒标上很少单独出现它们的名字。赤霞珠是本地主要的葡萄品种，可以在此酿出最浓郁的酒。它比波尔多的赤霞珠更成熟，酸度和单宁都比较低，因此不需要加入起柔和作用的梅洛来混酿。

塞拉丘陵（Sierra Foothills）

这里是通向内华达山脉的老矿区，现在生产的葡萄酒不是很多了，但还是有一些特别古老的葡萄园，尤其是仙粉黛老藤，生产着一些带有朴素民间风味的酒款。这里的地形与纳帕那种"修剪整齐的草坪和雕像"的风格非常不同。

旧金山湾区南部（South of Bay）

某些加利福尼亚州最好的精品酒和最老的葡萄藤，来自硅谷和太平洋之间圣克鲁兹山（Santa Cruz Mountains）附近的相对偏远、海拔比较高的山谷里边。南边蒙特雷（Monterey）的萨利纳斯谷（Salinas）风洞区域常以工业化规模种植各种农作物，包括葡萄。这里种植了许多葡萄品种，其中最有趣的是黑皮诺，它种在圣露西亚高地（Santa Lucia）以及夏珑娜（Chalone）较高海拔的地方，以及哈兰山产区（Mount Harlan）开创性的卡勒拉酒庄（Calera）里。

圣路易斯奥比斯波和圣巴巴拉（San Luis Obispo and Santa Barbara）

中海岸（Central Coast）是加利福尼亚州面积最大的产区。它从旧金山湾区开始，绵延 600 多公里至圣巴巴拉东边，上面提到的湾区南部的一部分也被包含在其中。但按照通常的说法，中海岸产区通常用来指圣路易斯奥比斯波和圣巴巴拉之间大量的产业化葡萄园。前者在加利福尼亚州早期的西班牙殖民扩张时期，曾被认为生产出了最好的葡萄酒。但圣路易斯奥比斯波真正开始满腔热情地栽培葡萄是从 20 世纪 80 年代才开始的。在其北边是帕索罗布尔斯（Paso Robles），气候相对温暖，有时甚至极为干燥，最近正在大量种植内陆地区最知名的罗讷河谷的葡萄品种。在其南侧，则是气候更凉爽的、农业发达的埃德纳谷产区（Edna），以及更小一些的大阿罗约产区（Arroyo Grande），塔利葡萄园（Talley）是这里的明星。

因为电影《杯酒人生》（*Sideways*），圣巴巴拉在 2004 年被划进葡萄酒地图。虽然它非常靠南，但地形决定了它会受到太平洋凉爽气候的影响，特别是在 2001 年创建的法定产区圣丽塔山（AVA Sta. Rita Hills，智利酒商 Santa Rita 坚持用这样的缩写），自海岸往内陆只有数公里。这要归功于海洋上的雾气和风，使得这里即便在仲夏也非常凉爽。从这里再往里，穿过圣伊内斯河谷产区（Santa Ynez Valley），温度逐渐升高，所以最东侧的快活谷产区（Happy Canyon）擅长重酒体的波尔多混酿。圣伊内斯河谷产区与北侧的圣玛丽亚河谷产区（Santa Maria Valley）之间一直有竞争。
后者的地形更平坦，气候更凉爽，有一些大型酒庄，
包括比恩纳西多酒庄（Bien Nacido），以及一个 800 多
公顷的、被精心呵护的葡萄园。在这两个产区之间，
有很多围绕洛斯阿拉莫斯小镇（Los Alamos）的酒庄，
这里的酒大部分运往北部装瓶，再贴上加利福尼亚州
大牌生产商的商标。

▍俄勒冈（Oregon）

红：黑皮诺

白：灰皮诺、霞多丽

就像索诺玛的"非纳帕"风格，俄勒冈州以"非
加利福尼亚州"的风格著称。在这里，黑皮诺葡萄长
期占据主导地位。俄勒冈的气候更凉爽，更阴郁、潮
湿，葡萄酒生产商的规模也更小，并且，最令人开
心的是，这里的酒更不商业化。尽管潮湿的气候会
给葡萄带来一些病害问题，但这里比较早地采用了可

持续发展的操作。俄勒冈的中心产区是威拉米特河谷（Willamette Valley），这里的葡萄园被冷杉包围。

俄勒冈的白葡萄酒相对较少，以前灰皮诺是主要品种，但后来霞多丽逐渐大放异彩，主要是因为移植了从勃艮第带回来的克隆种。

华盛顿州（State of Washington）

红：赤霞珠、梅洛、西拉

白：霞多丽、雷司令

越过喀斯喀特山（Cascades），西雅图以东的内陆地区本应是一片沙漠，但因得益于哥伦比亚河以及其他河流，这里可以种植各种各样的农作物，包括苹果和葡萄。华盛顿是美国第二大葡萄酒生产州，虽然和加利福尼亚州相比，这里的产量、规模小得多。这里的冬天很冷，葡萄藤可能偶尔会因低温而受到致命性的打击。在华盛顿，由多种葡萄酿成的酒，喝起来果香清新。华盛顿产区尤其擅长波尔多混酿，虽然自 21 世纪以来，这里得益于主要生产商圣密夕酒庄（Chateau Ste Michelle）的推动，被定位为雷司令的主要生产地。另外，这里的西拉也令人赞不绝口。

世界上其他产区

▌葡萄牙

红：阿拉哥斯 / 罗丽红 / 丹魄、卡斯特劳（Castelão/João de Santarem/Perequita）、国产弗兰卡（Touriga Franca）、特林加岱拉（Trincadeira）/ 红阿玛瑞拉（Tinta Amarela）、国家杜丽佳（Touriga Nacional）、巴加（Baga）、红巴罗卡（Tinta Barroca）

白：西利亚（Síria）/ 胡佩里奥（Roupeiro）、丹魄（Arinto/Pedernã）、洛雷罗（Loureir）

看看这串葡萄牙主要葡萄品种的长名单！这些来自当地但大多数人并不熟悉的品种名或同义词的数量

之多，精准地说明了葡萄牙是一个多么有特色的葡萄
酒生产国。虽然这里也种植一些赤霞珠和霞多丽，但
基本上葡萄牙一直保存着自己独特的个性风格。与邻
国西班牙比起来，这里的酒更加干和紧实，有更引人
注目的酸度和单宁。

许多有趣的酒来自葡萄牙北部。最北边的绿酒产
区出产的大部分白葡萄酒主要用于出口；杜罗河谷的
酒与它的产区一样出色，这里有各种款式的呈现出年
轻紫色的甜加强酒——波特酒，以及用相同葡萄品种
酿成的各种餐酒；陈年能力强的杜奥产区（Dão），以
国家杜丽佳为特色；百拉达产区（Bairrada）的酒，主
要由口感坚实的巴加葡萄（Baga）酿成。后面三个产
区的酒通常都是红葡萄酒，但好的白葡萄酒也在逐渐
出现。

杜罗河谷是全球葡萄酒界最难以忘怀的地方之一。
实际上，这里什么都没有，只有壮观的葡萄园和奇特

的酒庄（也叫 quinta）高高地矗立在河边。

来自某一优秀年份的年份波特酒是绝佳的选择，但它们在呈现出最佳状态之前常常需要数十年的陈酿。稍有争议的、更有价值的酒是单一园的年份波特酒，以及由更好的酒庄酿成的更早成熟的酒。在桶中而非在瓶中成熟的波特酒，被称为茶色波特酒，它比年轻的酒颜色更浅，更偏褐色。而相对更年轻、更简单的紫色波特酒，则被称为宝石红波特。

▍德国

红：黑皮诺（Spätburgunder）

白：雷司令、米勒 - 图高（Müller-Thurgau）

德国的葡萄酒正在进行一场革新，但可惜的是，德国以外的消费者中并没有太多人意识到这一点。现在这里的甜白葡萄酒已经比以往生产得少了。得益于气候变化，葡萄现在可以充分成熟，所以不需要人们再添加甜度以冲淡未成熟葡萄的尖酸。这里是高贵且品质坚定的雷司令的家乡，德国各产区都有种植，但摩泽尔产区奇迹般地、有争议地获得了名声"制高点"。这里的一些雷司令酒精度低于 10%，但可以陈年数十年。名字里含有莱茵（Rhein/Rhine）以及从法尔兹产区（Pfalz）来的酒，因为更靠南，酒体会相对更重。但今天，德国也酿造了大量令人兴奋的、有时用橡木桶陈酿的干型白葡萄酒，主要用的是灰皮诺、白皮诺葡萄。同时，这里的悠久传统也传承了下来，在大陆性气候的弗兰肯产区（Franken），出产有着泥土气息的优质西万尼（Silvaner）。

米勒 - 图高这个品种有些沉闷枯燥，它成熟时间早，在雷司令还不太容易成熟之前极其流行。但谢天谢地，现在它的种植量开始下降了。而快速增长的则是各种红葡萄品种，甚至包括赤霞珠和西拉。勃艮第红葡萄品种是最流行的，特别是在穿过莱茵河从阿尔萨斯到巴登（Baden）的广大区域内，由它酿成的酒越来越优秀，尽管因为德国市场的需求增长，它的价格变得相对较高。德国人一直在修订他们的葡萄酒分级制度，所以阅读这些酒标的过程有些复杂。简单来说，就是找葡萄品种、年份、酒庄和产区，但要注意酒标上有"Auslese"字样，或含有这几个字母的词的酒，它是一款甜型的酒。

奥地利

红：茨威格（Zweigelt）、蓝佛朗克（Blaufränkisch）

白：绿威林、威尔士雷司令（Welschriesling）、米勒 - 图高、雷司令

奥地利人非常以他们高质量的葡萄酒为傲，他们也确实有值得骄傲的理由。奥地利东部产区普遍种植绿威林，这是奥地利的典型特色品种，由它酿成的葡萄酒酒体饱满、细腻、很开胃。对我而言，它有着莳萝泡菜和白胡椒的芳香。

威尔士雷司令这一葡萄品种与德国的雷司令无关。虽然德国人看不上这个品种，但在奥地利布尔根兰（Burgenland）的诺伊齐德勒湖（Neusiedlersee）周围的产区，这个品种能酿成非常好的葡萄酒，其中一些的甜度非常丰富，特别是与霞多丽混酿时。

这里的米勒 - 图高，通常也是沉闷枯燥的。有些雷司令酒还是很出色的，但比较挑地方，比如瓦赫奥产区（Wachau）的多瑙河区域、克雷姆斯谷产区（Kremstal）和凯普谷产区（Kamptal）。提神的长相思是最东南部施泰尔马克产区（Steiermark）的特色。与许多国家一样，奥地利也曾钟爱过橡木桶和国际葡萄品种，但现在它意识到自己特有的蓝佛朗克葡萄品种，如果慎用橡木桶的话，是多么有表现力。另外，茨威格则更有果汁感，果香更浓郁，符合大众口味。

▎北欧

得益于气候变化，北半球葡萄的种植可以朝极地方向移动。英国的葡萄酒产业逐渐增长，现在的规模和品质均已属可观。比荷卢经济联盟国现在也是不错的葡萄酒生产国，甚至丹麦和瑞典也在生产葡萄酒。

中欧、东欧及其他地区

瑞士葡萄酒近年来提升很大，但可惜的是，它的价格对出口来说太高了。

在东欧大部分地区，欧盟花了大量经费来升级葡萄园和酒庄。目前两个最有趣的葡萄酒生产国是斯洛文尼亚（Slovenia）和克罗地亚（Croatia）。克罗地亚用玛尔维萨葡萄（Malvazija）酿成的干型白葡萄酒尤其迷人，这里还是加利福尼亚州仙粉黛的发源地。

塞尔维亚（Serbia）也开始酿造一些令人印象深刻的国际葡萄酒品种。

匈牙利（Hungary）有自己的特色葡萄品种，以及葡萄酒风格。生长在匈牙利东北部的富尔民特葡萄

（Furmint），不仅可以酿成著名的陈年能力强的甜酒托卡伊，还可以用来酿造干型富尔民特白葡萄酒。

保加利亚（Bulgaria）生产一些不错的精品酒，主要是国际品种。而罗马尼亚（Romania）有一些有趣的本地葡萄品种，正在快速赶追。与之接壤的摩尔多瓦（Moldova）有很大的潜质，种植了大量国际葡萄品种，但被严重的经济限制所束缚。

乌克兰（Ukraine）想要大量出口葡萄酒还需要一些时间，特别是因为它把最有希望的葡萄酒产区克里木（Crimea）给了俄罗斯，俄罗斯的冬天大部分时间都很冷，很难酿酒。

亚美尼亚（Armenia）出口了一部分有趣的红葡萄酒。但真正有趣的是格鲁吉亚（Georgia），葡萄酒文化深埋在它的文化和宗教信仰中。这里有土生土长的、风味迷人的葡萄，还有一种独特的传统酿造法，即把葡萄放在陶罐（叫作 qvevri）里，埋在地下发酵，这大大提升了酒的风味。

▌东地中海地区

与葡萄牙一样，希腊也有自己的一套体系。它用本地土生土长的葡萄，酿出了与众不同的葡萄酒。与一般对欧洲南部国家的认知相反，希腊的许多好酒是白葡萄酒，比如桑托林岛（Santorini）的阿斯提可（Assyrtikos）以及克里特产区（Crete）的本地品种。在中世纪，希腊的甜酒是最受推崇的。

土耳其东部的安纳托利亚（Anatolia）和格鲁吉亚之间的某个地方，是葡萄栽培的起源地。与希腊一样，土耳其也有强大的葡萄酒文化。数年前，土耳其的葡萄酒在国际视野里短暂崛起过一段时间。另外，黎巴嫩来自贝卡谷葡萄园（Bekka Valley）的一些精品酒，包括一些迷人的桃红葡萄酒正在不断地涌现，尽管这里离叙利亚战区很近。再往南是以色列，这个国家有着生机勃勃的葡萄酒文化，类似于加利福尼亚州，可惜的是，价格也一样贵。塞浦路斯（Cyprus）的葡萄园和酒庄正在升级中，我将拭目以待。

加拿大

红：黑皮诺、赤霞珠

白：霞多丽、威代尔（Vidal）

加拿大的两个主要葡萄酒生产省份之间，隔着超过上千公里的距离。安大略省的葡萄酒产区紧挨着尼亚加拉瀑布（Niagara）的北侧。因为冬天很冷，这里以冰酒闻名，即用冰冻的葡萄酿成的甜酒。如今夏天足够热，可以让葡萄充分成熟，包括一些赤霞珠。安大略省的霞多丽和起泡酒，味道相当地令人心悦诚服。

不列颠哥伦比亚省也大量出产葡萄酒，主要是在经常上镜的奥卡诺根谷（Okanagan）的湖边。许多国际葡萄品种在这里种植，酿出的酒具有果香，口感锐利，与边境对面美国华盛顿州的酒有一些相似之处。

▎南美

阿根廷

红：马尔贝克、伯纳达（Bonarda）、赤霞珠

白：霞多丽、特浓情（Torrontés）

除了以上列出的葡萄品种，阿根廷还种植大量粉红色果皮的葡萄，酿成供本国消费的基本款葡萄酒。但丰富、成熟、丝绒般的、有辛辣感的马尔贝克才是阿根廷的特色葡萄酒。在阿根廷，马尔贝克远比在它的诞生地法国西南的卡奥尔产区流行得多。绝大多数阿根廷的葡萄园都在安第斯山脚下，融化的雪水提供了栽培葡萄所需要的灌溉水源。高海拔和稳定的温度，平衡了这里的低纬度气候特征。酒庄在酒标上标出葡

萄园的海拔并非罕见的事，这里的海拔通常高于 1000
米，而 500 米在欧洲已经算是可行的最高数字了。虽
然阿根廷的红葡萄酒要常见得多，但它也生产了一些
不错的霞多丽，有点像"更富含矿物风味版"的加利
福尼亚州霞多丽。芳香浓郁、饱满酒体的特浓情，则
是阿根廷的另一种特色酒。

智利

红：赤霞珠、梅洛

白：霞多丽、长相思

智利的葡萄酒产业正在不断变化中。原先的葡萄
酒产区主要集中在首都圣地亚哥的周边，即阿根廷主
要葡萄酒城市门多萨越过安第斯山的对面。但现在，
葡萄酒产区沿着这个瘦长条的国家快速扩展到了可观
的长度。这也许得益于以下几个因素：智利的地理位
置相对偏远，所以相对来说没有什么葡萄根瘤蚜和疾

病，有充足的日晒，最近实施的灌溉方式有利于葡萄生长。在数量比质量更重要的年代，葡萄酒主要集中在肥沃的中央山谷，但今天，野心勃勃的智利酒商开始把新产区建在受太平洋凉爽气候影响更大的地方，要么是更靠南的区域和更靠北的区域，要么是海拔更高的山区里。

直到不久之前，智利还只生产国际葡萄酒品种，并且产业严格受控在一些有影响力的家族酒庄手中。但新一代的酒庄现在出现了，它们使用最南部的莫莱谷和伊塔塔谷中未经灌溉的老藤葡萄来酿酒。

巴西和乌拉圭也酿造了一些可观的葡萄酒。乌拉圭擅长酿造巴斯克（Basque）移民带来的丹娜葡萄酒（Tannat）。

南非

红：赤霞珠、西拉、皮诺塔吉

白：白诗南、鸽笼白、长相思、霞多丽

与智利一样，南非的葡萄酒也在新一批酒庄的影响下开始复兴。这里酿造具有明显南非特色的葡萄酒，而非法国经典酒的"本地版"。灌木式栽培的老藤葡萄种植在干旱的麦田间，黑地（Swartland）是最常见的粗放型管理的葡萄产区，与那些精心修剪和灌溉、常种植国际品种的斯泰伦博斯（Stellenbosch）、弗朗斯胡克（Franschhoek）、帕尔（Paarl），形成了鲜明的对比。

与智利很像的是，南非也有一些酒庄开始建在凉爽的海岸边，以及高海拔的地方。它的另一个特质也与智利相似，即生产的葡萄酒有多种风格和香气选择，性价比高。

澳大利亚

红：西拉、赤霞珠

白：霞多丽

葡萄酒对澳大利亚文化来说非常重要。在这里，大部分足够凉爽、潮湿、能种植高质量葡萄的区域，以及一些依赖灌溉的内陆地区，都能生产葡萄酒。

从 20 世纪 80 年代开始，澳大利亚成为世界上最活跃的葡萄酒出口国，以及葡萄酒研发领域的主要玩家。但是澳大利亚也成为这种成功的牺牲品，因为许多葡萄酒消费者将这个国家与"葡萄酒工艺"及"大众市场"关联起来。事实上，在南澳大利亚有不少精品酒庄，它们得益于优良的自然条件、精良的葡萄园种植及酿酒技艺。商业巨兽"阳光霞多丽"和"廉价量产西拉"只是故事的一小部分。猎人谷的赛美蓉，用橡木桶陈酿的超甜加强酒，克莱尔谷（Clare）和伊登谷（Eden）的冷冽雷司令，充沛阳光下的巴罗萨谷西拉，莫宁顿半岛、雅拉谷（Yarra Valley）和塔斯马尼亚的精品黑皮诺，玛格丽特河产区的赤霞珠、长相思与赛美蓉的混酿，以及所有来自南澳大利亚及维多利亚的自信佳作……这些才构成了更有趣的真正澳大利亚风味的葡萄酒故事。

澳大利亚最好的酒一般是由专业的家族型葡萄酒公司生产的，现在它们正被新一代的葡萄酒庄补充，甚至挑战。这些新一代的酒庄把自然酒运动中的地理特征看得高过其他一切。对那些准备不只看超市打折标签的人来说，这真是令人极其兴奋的时刻。

在对低质量的软木塞失去耐心后，澳大利亚与新西兰一样，也为绝大部分酒换上了螺旋盖，那些喜欢方便的人有福了。

新西兰

红：黑皮诺

白：长相思

没有哪个国家像新西兰这般如此自豪于自己国家

的葡萄酒了。

新西兰的长相思不仅在自己国家流行，澳大利亚人和英国人也很喜欢。长相思和黑皮诺这两个葡萄品种，真的道出了绝大部分新西兰葡萄酒的故事。种葡萄的人和喝葡萄酒的人都专注于这两个葡萄品种。新西兰岛，特别是南岛，已经因为亲和度十足的长相思而取得了巨大的商业上的成功，长相思更是快速扩张的马尔堡产区的特色品种。清爽的酸度和丰富的水果香气是新西兰酒的特征。现在，越来越多的酒庄开始酿造更精妙、陈年能力更强的葡萄酒。

▌亚洲

在亚洲，葡萄酒作为一种饮料、一种业余爱好、一种身份象征变得越来越流行。葡萄种植在亚洲各地盛行，有时甚至会在特别不合适的地方。最快速的增长是在中国，根据其统计数字，它已经在与美国竞争，即将成为世界上面积第四大的葡萄园种植国。

Master Tip

新世界 vs 旧世界

20 世纪末，我们这些葡萄酒爱好者有点执迷于欧洲酒与其他地方酒的差别。在那时，与新世界相比，旧世界的酒更含蓄，陈年潜力更大。

旧世界的酒，都会标上地理名称，也就是产地（Appellations）。但新世界的酒，则会标上葡萄品种。

新世界的酒更像是技术的产物，而手上长茧、满是泥土的酒农，在欧洲葡萄酒产区仍旧是主流。一拨拨"飞行酿酒师"穿梭在不那么有名的欧洲酒窖之间传播福音——在值得拥有的葡萄酒的众多特质中，纯净和果香同样重要。

但在 21 世纪，欧洲的酒与其他地方的酒的差别变得很不显著了。事实上，每位有抱负的葡萄酒生产商，不管他们本身在哪里，都会去其他地方以获得完全不同的体验。感谢互联网，建立了葡萄酒世界的联络网络。每个人都可以从其他人那里学到东西。每个葡萄酒生产商，不管身在何处，似乎都拥有相同的理想：尽可能准确地表达本地风土，对酿酒过程做最少程度的干预。葡萄酒的质量不再以酒庄每年购买了多少新的橡木桶来衡量，也不再以葡萄采摘时有多成熟来衡量，酒精度在下降。大的旧橡木桶和水泥槽，比新橡木桶更流行。不管在新世界还是旧世界，绝大多数酒庄都这样。

专业术语

葡萄酒的专业术语

下面这些专业术语是内行人士的葡萄酒语言指南。

▍酸度（Acid, acidity）

让酒以及任何饮料保持清爽提神的关键组成元素，并能抵抗有害细菌。

▍添加剂（Additives）

绝大部分葡萄酒会添加一些硫化物，工业量产的葡萄酒可能会有更多的化学添加剂，包括酵母营养素、酸、单宁、防腐剂等。建议看看酒的成分列表。

酒精（Alcohol）

没有它，葡萄酒就是果汁。发酵过程会让葡萄里的糖分变成酒精。

产地（Appellation）

法定产区。

相对宽泛的定义是，一个合法的特定区域，比如美国葡萄酒种植区域（American Viticultural Area）可以绵延几十万公顷。

相对严格的定义则像法国的 AOC 或 AOP 产区，有一系列的规定，不仅要规定葡萄酒从哪里来，还要规范葡萄藤是怎么种植的，哪些品种占多少比例，葡萄是如何收获的，酒是如何酿成、如何陈酿的。意大利的产地被称为 DOC 或 DOCG，西班牙则是 DO。

▌调配（Assemblage）

常用来指一瓶酒中不同葡萄品种的精确比例，也用来指将新年份的葡萄酒混合的过程，特别是小而美的波尔多酒。

▌盲品（Blind tasting）

品酒时，你不知道自己在喝什么酒款。半盲品是指你知道喝的酒款的范围，但品酒时不知道具体喝的是哪种。

▌瓶陈（Bottle Age）

指随着在瓶中陈年的时间延长，酒的质量发生了变化。这与年份没有直接关系。在这个过程中，酒中的成分可以有时间互相接触，并产生更有趣的成分，单宁沉淀，酒喝起来会更顺滑。

▌呼吸（Breathing）

有些人认为，打开一瓶葡萄酒，在喝之前将酒瓶静放一段时间，可以让酒"呼吸"。

▌二氧化碳（Carbon Dioxide）

发酵过程中释放出来的、溶解在起泡酒中的气体。

▌二氧化碳浸渍法（Carbonic Maceration）

一种酿酒方法。通过将完整的葡萄放在密封罐中发酵，来酿造果香浓郁、低单宁的酒。这种方法一度大量运用在薄若莱地区，以及朗格多克 - 鲁西荣地区，用于"软化"比较"硬"的佳丽酿葡萄酿成的酒。

▌加糖（Chaptalization）

在发酵前，将糖添加到除梗的葡萄粒和葡萄汁中，以提升酒精度水平。

▎酒庄（Château）

波尔多的酒庄的叫法（在法语中是城堡的意思）。

▎淡色波尔多红葡萄酒（Claret）

传统的英式叫法，对波尔多红葡萄酒的统称。常指相对轻酒体的、有合适单宁和酸度的年轻的酒。

▎（波尔多）酒庄分级（Classed growth）

1855 年巴黎博览会时，波尔多葡萄酒的经纪人将排名前 60 名的酒庄按它们的价格分成了 5 个等级。你相信吗？今天这个系统仍在运行中，从最好的一级酒庄，一直到五级酒庄。

▎克隆（Clone）

按照明显的特点，如产量、疾病抵抗性或颜色，进行克隆筛选，让一族葡萄藤从它们母系葡萄藤上衍生出来。请与后面的"聚集筛选法"比较。

▍区域（Commune）

法语中的"教区"，意大利语中称为"Comune"。

▍园或田（Cru）

这个词字面上是指"园或田"。Premier Cru 指的是一级园，在勃艮第很特别，Grand Cru 是特级园，品质更好。在意大利，Cru 指的是展现出某些特点的特殊葡萄园，而薄若莱 Cru 则指的是 10 个优秀产地。

▍（波尔多）酒庄分级（Cru Classé）

法语中的酒庄分级（Classed growth）。

▍密封罐（Cuve close）

这个术语字面上的意思是"密封罐"，是酿造起泡酒的罐中二次发酵法的法语名称。

▍酒庄（Domaine）

勃艮第的酒庄，等同于波尔多的酒庄（Château）。

在勃艮第，一个典型的酒庄通常比较小，常由几个不同葡萄园的数排葡萄藤组成，每一个葡萄园都是不同的产区。

▌发酵（Fermentation）

在酵母作用下，将葡萄中的糖转化为酒精和二氧化碳的过程。

▌同葡萄园的不同葡萄品种混合（Field Blend）

将种在同一个葡萄园的不同葡萄品种混合。一些葡萄酒就是用这种混合葡萄酿成的。

▌水平品鉴（Horizontal tasting）

品尝单一年份的不同葡萄酒。它们通常是相关的。

▌聚集筛选法（Massal selection）

同一品种不同质量的植株混合。

▌酒庄装瓶（Misen bouteille au domaine/château）

法语中的"在酒庄（种植葡萄的地方）装瓶"，这是一件好事。

▌葡萄醪（Must）

葡萄尚未发酵，介于葡萄汁和葡萄酒之间，可能包含葡萄皮、果核、葡萄梗的碎片。

▌自然酒（Natural Wine）

时髦的酒，尽量不使用添加剂。

▌非年份酒（Non-vintage）

不是单一年份的酒，而是不同年份酒的混合，90%以上的香槟都是这一类酒。或者指的是便宜的酒，酒标上不标注年份，无论调配或酒龄如何，都用同一张酒标。

▌橙酒（Orange wine）

橙酒由白葡萄酒与果皮接触发酵而成，所以会有特别深的颜色，它的单宁感知度相对比较高。

▌小酒庄（Petit Château）

波尔多比较小的、没那么耀眼的小酒庄。

▌起泡酒（Sparkling wine）

除香槟之外的所有起泡酒。

▌静止酒（Still wine）

非起泡酒。

▌三氯苯甲醚（TCA）

TCA 是 trichloroanisole 的缩写，是葡萄酒软木塞被污染后出现霉味的最常见原因。

▍传统法（Traditional Method）

酿造香槟的经典方法，被其他地方广为效仿。

▍单一品种的（Varietal）

Variety 的形容词，主要指由单一葡萄品种酿成的酒。

▍品种（Variety）

在欧亚属酿酒品种（vitis vinifera）内的各种葡萄品种。

▍垂直品鉴（Vertical tasting）

同一种酒不同年份的品鉴。

▍年份（Vintage）

指收获葡萄时的单一年份，与用不同年份的酒混酿而成的"非年份酒"相对。在北半球，葡萄酒酿好与葡萄的生长季是同一年，因为葡萄收获季是 9 月或

11月。而在南半球，葡萄的收获季是2月和3月，是从上一年延续而来的。

▌欧亚属酿酒葡萄品种（vitis vinifera）

欧洲的葡萄品种几乎涵盖了今天所有的葡萄酒来源。就像所有植物一样，在这个分类之下，有多个不同的品种。美洲属葡萄品种酿成的酒，容易呈现出更特别的味道。康科德葡萄（Concord）主要用来生产美国绝大多数的葡萄汁和果冻，是种植面积最广的美洲属葡萄品种。

▌酵母（Yeast）

微小的、种类繁多的真菌，能将葡萄中的糖转化为酒精。在酒庄或葡萄园的空气中的酵母，可以帮酒实现自然发酵或野生发酵，有些人认为这样可以酿出更有性格的葡萄酒，但结果不易预测。而使用培养的酵母，特别是基于很多特质筛选的酵母，则风险要小得多。

▌产量（Yield）

葡萄园中每单位面积内生产的葡萄酒或葡萄的数量。在欧洲，典型的表达是"百升／公顷"。而在欧洲以外，"葡萄的吨数／英亩"则是更常用的产量单位。总之，产量越低，葡萄酒口感越集中。但如果极低产量不是人为野蛮修剪造成的，葡萄藤会更"开心"、更"平衡"。

Master Tip

拓展知识

如果你想扩展你的葡萄酒知识，可以参考：

- JancisRobinson.com

每天更新，超过 10 万条品酒笔记，超过 1 万篇文章，其中大约 1/3 是免费的。

- 《世界葡萄酒地图》（第 7 版）（*The World Atlas of Wine*）

葡萄酒的世界地图，亲自挑选的标注，并配以文字解释。

- 《牛津葡萄酒大辞典》（第 4 版）（*The Oxford Companion to Wine*）

涉及 4000 个葡萄酒相关专题、按首字母排列的文章，约 100 万字，包括历史、地理、葡萄品种、科学、领先的人和酒庄。

● 《酿酒葡萄品种》(*Wine Grapes: A Complete Guide to 1386 Vine Varieties Including Their Origins and Flavours*)

所有你想知道的酿酒用葡萄品种的知识。

● 《葡萄酒：杰西斯·罗宾逊给你的通向葡萄酒成功的捷径》(*Wine-Jancis Robinson's Shortcuts to Wine Success*)

在 Udemy.com 上的葡萄酒视频课程。

另请参见：www.24hourwineexpert.com

探索与这本书的更多相关内容，包括特别的葡萄酒推荐。

饮徒与饮途

　　我常常会想起在法国伯恩（Beaune）的那几天，像在平常日子的周围，镶上了一道金边。

　　我在秋天来到古城伯恩。白天开车，去逛勃艮第地区伯恩丘附近的一些酒庄，有时并不进去，只是体会车窗两边不同葡萄园之间的不同起伏、不同光照，以及云彩移动的阴影。傍晚，钻进伯恩城内的各家葡萄酒店铺，听其中几家平实、爱酒、懂酒的店员推荐那些他们自己喝下来觉得不错的酒，而非那些知名大酒。入夜，则推开一家供应本地菜的餐馆，那里常常聚集了各路懂酒的人，越到深夜喝得越酣畅。

因为学医的背景，我尤其喜欢古城中的伯恩济贫院（Hospices de Beaune）。这座济贫的医院由一位勃艮第公国的首相捐钱修建，于 1443 年开始修建，9 年后接收了第一名病人。随后，当地的富人也效仿捐赠，包括捐赠葡萄园。现在，每年 11 月份伯恩济贫院的葡萄酒慈善拍卖会，在行业中已经非常有名。

我很庆幸自己以这样的漫游方式进入了勃艮第的酒都。除了试图喝出不同酒之间的区别，还浸染了其中的历史、风土和氛围，以及一并随酒液荡漾的曼妙。

愿意翻译这本书，纯然是兴趣。它实用，可爱，但又不失专业。它不是市面上常见的那种硬知识的罗列，而是以有趣的方式，在 24 小时的时间内将一位可能对葡萄酒感兴趣的读者应知道的实用常识组织起来。我在翻译的过程中会想象，作者杰西斯是如何在年轻时因为一瓶勃艮第的葡萄酒，从此进入这一行的。她不中庸、不世故，在书中说出自己的明确观点，她反感过度包装，嘲讽浮华风格。她会很平实地建议读者喝 20 英镑左右的酒，提倡每个人寻找适合自己风格的酒，按场合搭配不同的酒。她说自己喜欢葡萄酒的多样性，不仅仅是颜色、强度、甜度、葡萄品种、产区以及风味各异，更重要的是，我们可以既有每天喝的葡萄酒，也有适合特定场合的葡萄酒，以及庆祝生命中特别时刻的葡萄酒。书中有一节是关于如何平行对比、体会不同品种不同地区葡萄酒的品酒指南，尤其实用。有趣的冒险喝酒列表、挑选一瓶葡萄酒的 10 种诀窍、选什么酒透露了你是什么样的人……这些内容都会让人会心笑出来。

　　如你我所能感知的那样，生活有其重力，常常容易使人下坠。我曾经试图寻找那些让自己片刻即可飞升的元素，它们曾经是文学或音乐，最近数年，葡萄酒加入其中，我渐渐成为一名饮徒。当饮徒行走在盛产葡萄酒的国度中时，当地酒配当地食，再加上当地的历史和文化，便产生了一体的幸福感。它包含一些超越想象的期望，一些惊喜，一些趣味，以及一些敬畏和幽长。这样的体验，在西班牙、意大利、匈牙利、美国、澳大利亚和新西兰……都曾有过。有一次，我去探访瑞士的好友，居然撞见她家旁边的大片葡萄园，转而去附近酒行，买下两瓶当地经典酒，试图理解瑞士的葡萄酒。我与瑞士好友长聊的几个夜晚，也都是葡萄酒伴随左右。三两好友，把酒畅谈，微醺一刻，一切有如薄雾氤氲般美妙。也正是因为翻译这本书，看到书中提到葡萄牙的酒，我开始研究杜罗河。也许，它将是我饮途的下一站。

当你读到这里，不如拿起酒杯来慢饮，成为一名饮徒；更不如循着书中那些地名，动身上路，走上饮途。

常　青

特此感谢《知味葡萄酒》资深教育培训师、

WSET 四级持有者 **Echo 张华姿**

对本书专业知识的审校

未来，属于终身学习者

我这辈子遇到的聪明人（来自各行各业的聪明人）没有不每天阅读的——没有，一个都没有。巴菲特读书之多，我读书之多，可能会让你感到吃惊。孩子们都笑话我。他们觉得我是一本长了两条腿的书。

——查理·芒格

互联网改变了信息连接的方式；指数型技术在迅速颠覆着现有的商业世界；人工智能已经开始抢占人类的工作岗位……

未来，到底需要什么样的人才？

改变命运唯一的策略是你要变成终身学习者。未来世界将不再需要单一的技能型人才，而是需要具备完善的知识结构、极强逻辑思考力和高感知力的复合型人才。优秀的人往往通过阅读建立足够强大的抽象思维能力，获得异于众人的思考和整合能力。未来，将属于终身学习者！而阅读必定和终身学习形影不离。

很多人读书，追求的是干货，寻求的是立刻行之有效的解决方案。其实这是一种留在舒适区的阅读方法。在这个充满不确定性的年代，答案不会简单地出现在书里，因为生活根本就没有标准确切的答案，你也不能期望过去的经验能解决未来的问题。

湛庐阅读APP：与最聪明的人共同进化

有人常常把成本支出的焦点放在书价上，把读完一本书当做阅读的终结。其实不然。

时间是读者付出的最大阅读成本
怎么读是读者面临的最大阅读障碍
"读书破万卷"不仅仅在"万"，更重要的是在"破"！

现在，我们构建了全新的"湛庐阅读"APP。它将成为你"破万卷"的新居所。在这里：

- 不用考虑读什么，你可以便捷找到纸书、有声书和各种声音产品；
- 你可以学会怎么读，你将发现集泛读、通读、精读于一体的阅读解决方案；
- 你会与作者、译者、专家、推荐人和阅读教练相遇，他们是优质思想的发源地；
- 你会与优秀的读者和终身学习者为伍，他们对阅读和学习有着持久的热情和源源不绝的内驱力。

从单一到复合，从知道到精通，从理解到创造，湛庐希望建立一个"与最聪明的人共同进化"的社区，成为人类先进思想交汇的聚集地，共同迎接未来。

与此同时，我们希望能够重新定义你的学习场景，让你随时随地收获有内容、有价值的思想，通过阅读实现终身学习。这是我们的使命和价值。

湛庐CHEERS

湛庐阅读APP玩转指南

湛庐阅读APP结构图:

12+图书订阅服务
纸质书
有声书
电子书

读什么

湛庐阅读APP

怎么读

泛读:一书一课
通读:通识课
精读:精读班

优秀的读者和终身学习者

与谁共读

跟谁读

作者、译者、专家、推荐人和阅读教练

三步玩转湛庐阅读APP:

读一读 ▾

湛庐纸书一站买,
全年好书打包订

书城

听一听 ▾

泛读、通读、精读,
选取适合你的阅读方式

扫一扫 ▾

买书、听书、讲书、
拆书服务,一键获取

扫一扫

APP获取方式:
安卓用户前往各大应用市场、苹果用户前往APP Store
直接下载"湛庐阅读"APP,与最聪明的人共同进化!

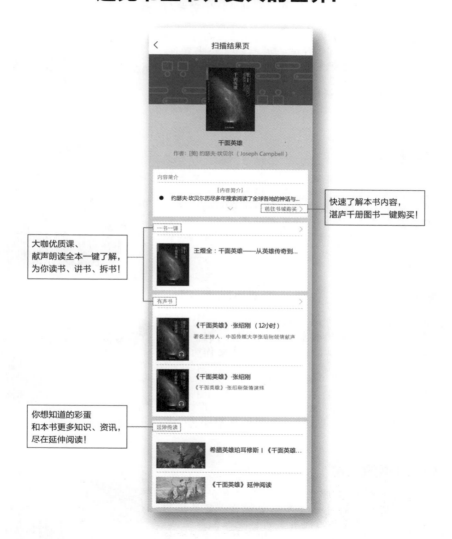

使用APP扫一扫功能，
遇见书里书外更大的世界！

湛庐CHEERS

快速了解本书内容，
湛庐千册图书一键购买！

大咖优质课、
献声朗读全本一键了解，
为你读书、讲书、拆书！

你想知道的彩蛋
和本书更多知识、资讯，
尽在延伸阅读！

延伸阅读

《吃的美德：餐桌上的哲学思考》

◎ 《你以为你以为的就是你以为的吗？》作家朱利安·巴吉尼畅谈饮食哲学。

◎ 不但告诉你生而为人应该怎么"吃"，而且教你思考怎么"活"。有机种植、动物福利、公平贸易、节食减肥……所有关于饮食的纠结逐个破解。

◎ 16位明星大厨，22道经典菜品，附送52页全彩四色印刷精美料理特辑。沈宏非、陈晓卿、黄磊、朱虹、姚新中、欧阳应霁、殳俏、张际星，联合重磅推荐。

《苏富比的早餐》

◎ 苏富比拍卖行资深董事，印象派与现代艺术总监、高级专家菲利普·胡克，揭示了艺术品与金钱之间复杂且微妙的关系，用一个全新的视角窗口，展现了一个不一样的艺术世界。

◎ 《苏富比的早餐》荣获《星期日泰晤士报》《旁观者》《金融时报》《卫报》《星期日邮报》等媒体"年度最佳图书"之一。

《制造音乐》

◎ 从演奏音乐的场所对音乐的呈现方式、技术变革对音乐创作及整个音乐产业发展的影响，到音乐的神经学基础，这本书将会改变你听音乐的方式！

◎ 《时代周刊》盛赞"摇滚的文艺复兴人"、摇滚史上极具影响力的乐队"传声头像"（Talking Heads）主唱大卫·拜恩重磅力作！

◎ "中国摇滚之父"崔健、"中国极具影响力DJ"张有待鼎力推荐！

《无所事事的艺术》

◎ 一本让你瞬间摆脱繁杂生活与工作的心灵之书！风靡全球的灵性文字搭配禅意十足的摄影作品，以前所未有的视角重新审视人生与生活。

◎ 台湾知名身心灵作家、译者胡因梦空灵文字倾情翻译，搭配国际知名摄影家近40张摄影作品，灵性诠释发呆、打哈欠、呼吸中的美妙滋味……

图书在版编目（CIP）数据

24 堂葡萄酒大师课 /（英）杰西斯·罗宾逊
（Jancis Robinson）著；常青译 . —杭州：浙江教育
出版社，2018.9
ISBN 978-7-5536-7383-7

Ⅰ.①2⋯　Ⅱ.①杰⋯　②常⋯　Ⅲ.①葡萄酒—基本知
识　Ⅳ.①TS262.6

中国版本图书馆 CIP 数据核字（2018）第 150270 号

浙江省版权局
著作权合同登记号
图字: 11-2018-316

上架指导：生活方式

24堂葡萄酒大师课
24 TANG PUTAOJIU DASHI KE

[英] 杰西斯·罗宾逊（Jancis Robinson）　著
常　青　译

责任编辑：罗　曼　赵清刚
美术编辑：韩　波
封面设计：陈威伸
责任校对：马立改
责任印务：时小娟
出版发行：浙江教育出版社（杭州市天目山路40号　邮编：310013）
　　　　　　电话：（0571）85170300-80928　邮箱：zjjy@zjcb.com 网址：www.zjeph.com
印　　刷：河北鹏润印刷有限公司
开　　本：880mm × 1230mm　1/32　　　　　**成品尺寸：**145mm × 210mm
印　　张：8.75　　　　　　　　　　　　　　**字　　数：**112千字
版　　次：2018年9月第 1 版　　　　　　　**印　　次：**2018年9月第 1 次印刷
书　　号：ISBN 978-7-5536-7383-7　　　　**定　　价：**59.90元

如发现印装质量问题，影响阅读，请电话联系调换。